动漫人物黏土手办入门教程

星雾之森

抱熊氏 著/绘

人民邮电出版社

北京

图书在版编目（CIP）数据

动漫人物黏土手办入门教程：星雾之森 / 抱熊氏著、绘. -- 北京：人民邮电出版社，2021.11
ISBN 978-7-115-56324-8

Ⅰ．①动… Ⅱ．①抱… Ⅲ．①粘土－手工艺品－制作－教材 Ⅳ．①TS973.5

中国版本图书馆CIP数据核字(2021)第064867号

内 容 提 要

你是否想过把动漫人物或者绘画书中的拟人形象做成一个栩栩如生的手办收藏起来,但又觉得很难？其实一点都不难！翻开这本书吧，跟着作者一起学习如何制作动漫拟人黏土手办。

本书共6章，第1章从认识制作手办的常用工具和黏土讲起，引领读者进入作者的动漫拟人黏土手办世界——星雾森林。接下来的5章则逐一介绍了怎样制作星雾森林中的5位荣誉居民的黏土手办，这5位荣誉居民分别是采蘑菇的小蘑菇、森林里的松鼠弟弟、绿松石洋装少女、小熊曲奇学妹和魔法学院小学姐。读者在欣赏美图的同时，还能了解常用的黏土及其特性、黏土的使用技巧、制作手办的工具的选择、黏土的配色技巧、黏土手办的制作技巧等

本书讲解全面，图例丰富，适合作为初、中级漫画爱好者的黏土手办自学用书，也适合作为相关动漫专业的培训教材或教学参考书。

- ◆ 著 / 绘 抱熊氏
  责任编辑 何建国
  责任印制 周昇亮
- ◆ 人民邮电出版社出版发行 北京市丰台区成寿寺路 11 号
  邮编 100164 电子邮件 315@ptpress.com.cn
  网址 https://www.ptpress.com.cn
  北京富诚彩色印刷有限公司印刷
- ◆ 开本：700×1000 1/16
  印张：11.5 2021 年 11 月第 1 版
  字数：295 千字 2021 年 11 月北京第 1 次印刷

定价：69.80 元

读者服务热线：(010)81055296 印装质量热线：(010)81055316
反盗版热线：(010)81055315
广告经营许可证：京东市监广登字 20170147 号

写在前面的话

我是捏黏土的抱熊氏

很开心你打开这本书，让我可以带你来到"星雾之森"，把这个小小的世界和你一起分享。

我是抱熊氏，一个黏土原型师，从2011年开始用黏土制作手办。我是一个非常喜欢幻想的人，不时有一些奇怪的想法或故事从脑海中冒出来，这个时候我就非常想把这些想法或故事记录下来。当我在机缘巧合下遇到黏土这种材料的时候，我发现它可以帮助我把奇思妙想全部实体化，可以把我脑海中的人物和故事带到现实世界中来。

制作原创人物的黏土手办，除了掌握黏土的各种使用技法之外，更需要对人物进行构思和设计。无论是技法还是各种材料的运用，或是人物外形、服饰、动作，还是搭配的场景、地台，都要以衬托人物的个性为宗旨。在这本书中，我会把自己制作动漫拟人形象黏土手办的方法和心得分享给大家。

不知不觉黏土已经成为我最好的伙伴。希望更多的人能了解和喜欢上黏土，和我一起享受创作的放松与快乐。

抱熊氏本尊

星雾之森

本书人物设定生活的地方

白天的星雾之森总是飘着隐约朦胧的白色雾气，天空被参天的树木分割成模糊又抽象的拼图，斑驳的阳光洒在薄雾上，配合着若有若无的风，茂密的植物们看起来就好像涌动的绿色海洋。

夜晚的星雾之森深邃而幽静，雾气散去，空气中散发着森林特有的清新的气味，抬头就可以看到极美的夜空。白天的抽象拼图变成了镶满宝石的蓝黑色丝绒布，有的星星像蓝宝石，有的像钻石，而银河就像一片钻石碎屑。星光给每一片叶子都镀上了银边，给每一棵树木都披上了薄纱。

在这样的星雾之森中，都生活着什么样的生灵呢？

星雾之森中的其他人物设定

抱熊氏拟人作品大赏

"社恐"的狐仙

因为从小眼神看起来就比较凶，面无表情时也像在翻白眼，一副很不好相处的样子，所以狐仙一直是个不受欢迎的孩子。而且因为喜欢熬夜，她有很严重的黑眼圈，只好戴眼镜遮一下，看上去就更不好相处了。

没有什么人主动和她聊天，她也是个不知道怎么主动和别人开始对话的人，所以她几乎没有朋友。

灰鹿

她的名字叫灰鹿，和其他鹿不同，她天生就是紫灰色的。虽然从小就因为不是棕色而被同类疏远，但她还是非常努力地试着和其他的鹿交朋友。可即使她付出再多真心，换来的也只是表面上的和和气气，他们转过身去就会嘲笑她是一头灰鹿。

她放弃了和同类们做朋友的想法，发现还是和花草树木交往比较单纯、快乐，慢慢地，灰鹿发现自己可以和同样是紫灰色的所有花儿交谈。有一天，花儿们无意间告诉她，其实那些棕色的鹿，原本也是其他各种颜色的，只是他们都偷偷地把自己染成了棕色。

金色四叶草

有一条无尽的路，路边长满了三叶草。每一万株三叶草中只有一株是四叶的。

传说中，创作者每做出一件作品，就可以在这条路上向前走一步，只要找到 4 片叶子的四叶草，就可以成为伟大的艺术家。

创作者可以找到吗？可以。但即使创作者找到了也并不能创作出最伟大的作品。因为每一万株四叶草中只有一株是金色的，有的人的目标不是普通的四叶草，而是金色的四叶草。即使他们中的绝大多数人在有生之年也无法找到，但寻找金色四叶草的过程，就是无悔的人生。

普通的魔女

她是一个魔女，最普通的那种魔女，既没有过人的天分，也没有出众的美貌，甚至不像传闻那样会飞。她刚刚从魔法学院毕业，目前还没有正式的工作，但还是可以通过朋友接到一些处理"特别"事件的委托来赚点钱。可是太过复杂的事件她还处理不了，所以赚的钱也就能勉强糊口。她有点焦虑但也不算太焦虑。今天又是一个普通的夜晚，她照例要去一些普通人觉得可怕阴森的地方处理一些"特别"的事件，虽然有点烦躁，但毕竟要吃饭啊，所以她还是去了。她希望哪天可以存够钱买一根好一点的魔杖，手里这根真的是不管从哪个角度看都觉得好普通啊。但她想了想以自己目前的魔法水平，距离存够钱还遥遥无期，所以还是要好好对待这根魔杖。这根魔杖不仅是吃饭的家伙，也是她唯一的伙伴……

平安夜的圣诞树

飘雪的夜晚她站在喧闹的广场，

所有的美好把她围在中央，

虽然身体已经被寒风冻僵，

沉重的裙角也不能随风飞扬。

但挂满全身的彩灯和糖，

还是会把她的笑容照亮，

无数牵手的情侣在她面前驻足，

和她合影的女生都那么漂亮！

一群淘气的小孩打闹着跑过，

她保持笑容假装没被撞伤，

欢快的歌曲那么大声……

所有的疼痛瞬间就会遗忘，

时间快得像风儿一样，

午夜的钟声准时敲响，

人们发出大声的欢呼，

变出一片欢乐的海洋。

每个人都收到了礼物，

笑容在每张脸上荡漾。

短暂的嬉闹过后人们缓缓散场，

周围的商店也渐渐熄灭了灯光，

音乐早已不知在什么时候停下，

只剩她一个站在广场的中央，

这是她生命的最后一个夜晚，

她知道她不是童话里的灰姑娘……

松蘑蘑

松蘑蘑是个坚强的哭包。为什么说她是哭包呢？因为她一遇到困难就很爱哭。为什么说她坚强呢？因为不管是多大的困难，她即使哭着，也会好好面对，努力把所有事情处理好。她就像星雾之森里随处可见的蘑菇，虽然弱小、不起眼，但没有人可以阻止它们努力生长。

大红帽和小灰狼

雷厉风行、行动力超强的大红帽,

在森林中的奔跑速度是小灰狼的 1.5 倍!

虽然是个强悍的女孩子,但她还是超喜欢穿可爱的小裙子!

今天也要元气满满地守护森林!

孱弱的小灰狼一直是一个自卑的孩子,在狼群里虽然没受过什么欺负,但也不受欢迎,存在感超级微弱,唯一感兴趣的事情就是做小裙子,但狼群里并没有其他狼对小裙子感兴趣。

直到有一天,漫无目的瞎逛的小灰狼,在森林里遇到了一个穿红裙子的小姐姐——大红帽,大红帽一看到她就说:"哇!你的裙子太可爱了吧!"得知裙子是小灰狼自己做的,大红帽说:"啊啊啊啊小灰狼也太厉害了吧!"小灰狼虽然害羞,但爱好终于有人认可,她简直太开心了!

两个人慢慢地成了朋友,大红帽经常带甜甜的草莓给小灰狼,也会收集很多好看的缝纫材料送给她,鼓励她不要放弃自己的爱好。小灰狼慢慢变得开朗、自信起来,她决定要给大红帽姐姐做好多好看的小裙子!小灰狼觉得有喜欢做的事情和认可自己的伙伴真的太幸运了!

冰霜独角兽

她在一片陌生的森林中醒来，不记得自己是谁，不记得自己为什么在这里。她没有了心，右眼什么都看不到了，只是本能地畏惧和排斥人类。

在星雾之森住了很长一段时间，她终于又凝聚出了冰霜之心，在重新拥有心脏的瞬间，她回忆起了那些痛苦的过往……

目录
contents

第 1 章
CHAPTER ONE
常用工具及黏土介绍

第 2 章
CHAPTER TWO
采蘑菇的小蘑菇

第 3 章
CHAPTER THREE
森林里的松鼠弟弟

第 **4** 章

CHAPTER FOUR

绿松石洋装少女

第 **5** 章

CHAPTER FIVE

小熊曲奇学妹

第 **6** 章

CHAPTER SIX

魔法学院小学姐

CHAPTER
ONE

第 1 章

常用工具及黏土介绍

为什么要用黏土来制作手办

① 早期的黏土（本书提及的黏土，也称为超轻黏土）会出现膨胀、缩水等影响造型的问题，但随着材料的不断优化，现在的黏土已经可以很稳定地表现细节，比如镂空、花纹、棱角之类的细节，只要创作者的技术水平能达到，它就可以呈现多种细节。

② 黏土自带颜色，整体造型中的大面积颜色通常会直接使用调色后的黏土呈现，细节或渐变色等较为复杂的部分则通过涂装上色来表现。黏土可以与多种颜料结合，最常见的是和丙烯颜料结合使用，其他的如油画颜料、水彩等，都可以用在黏土上，用来表现多种不同的质感。

③ 黏土本身也可以通过混合树脂土、瓷玉土等材质，改变表面的质感。黏土作品未经涂装的表面是亚光的，加入树脂土之后，可以提升光泽度，不同的混合比例可以达到不同的光泽效果，同时软硬度和弹性也会发生改变，制作不同的部分时可以灵活运用。另外，因为黏土本身很轻，非常容易固定和附着在其他材质上，可以和滴胶、热缩片、树脂、亚克力等材质结合，制作出非常绚丽的效果。

④ 黏土只要自然晾干就可以定型，晾干之后不会变形也不易碎。成品只要注意防水防潮，避免暴晒，就可以长期保存。

1. 常用工具

塑型常用工具

细节针（也称为棒针），是制作黏土的常用工具，特别细的一端可以用来制作衣服的褶皱、头发的纹理等，另一端可以用来制作小凹坑。

开眼刀，可以用来处理手指缝隙等非常小的细节，或者用来抹平接缝。

丸棒，一套有大小不同的4支，可以用来戳出各种尺寸的凹坑。

七本针，可以在黏土上制作出毛茸茸的质感。

压泥板，有各种规格，但我个人觉得这种细长的最好用，一般用来把黏土搓成细长条作为发丝，或者压扁小零件。

切割垫，刀切的小痕迹会自动愈合，可以保护桌面，也可以防止黏土粘在桌面上。上面的小格子可以用来估算尺寸。

塑料刀，可以用来压出头发、衣服的纹理等。

两用细节针，可以用来处理衣服的褶皱，也可以压出富有变化的纹理。

压痕笔，一套有5支，笔头的尺寸有细微的差别，可以用来戳小坑，制作蕾丝花边、小花朵等。

镊子，用来夹起小零件。

擀片常用工具

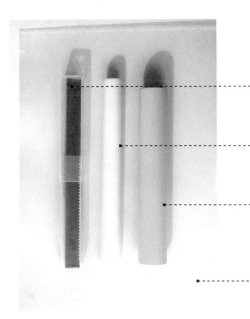

长刀片，又叫长条切泥刀，主要用来把擀薄的黏土裁成边缘整齐的薄片，可以轻度弯曲使用。

白棒擀面杖，一种不粘泥的擀面杖。

帕蒂格擀面杖，动用同白棒擀面杖，但因为是空心的，所以比较轻，根据自己的习惯选择即可。

透明文件夹，比切割垫更加不易粘黏土，擀非常大的薄片时垫在桌上可以防止黏土粘在桌子或切割垫上。

黏土常用上色颜料

丙烯颜料，用来画眼睛和各种花纹。

色粉，可以画出淡淡的渐变效果，用来晕染眼影、腮红或体妆。

金属色丙烯颜料，可以画出金属的质感。

黏土常用上色工具

各种面相笔，可以画出非常细的线条，主要用来蘸丙烯颜料画眼睛。

貂毛笔和化妆刷，这两支是画色粉用的。貂毛笔比尼龙笔更加吃粉，所以用于小面积的眼影上色；化妆刷用于扫腮红和体妆。

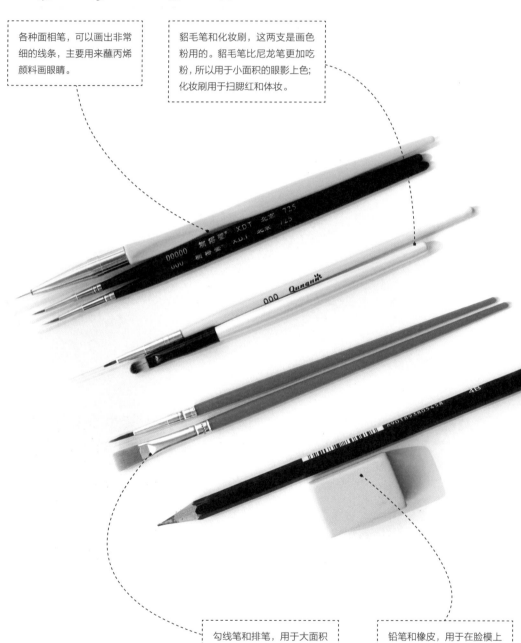

勾线笔和排笔，用于大面积上色或者涂亮油。

铅笔和橡皮，用于在脸模上画草稿。

黏土晾干用品

泡沫晾干台，可以用牙签把各种小零件插在上面晾干。

亚克力有孔插板，比泡沫晾干台更稳固，所以可以插稍大一些的零件或者底座还未制作完成的人物。

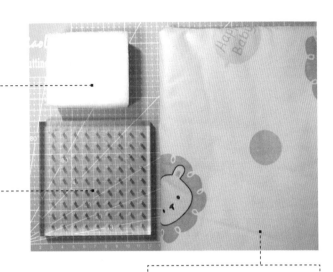

棉垫晾干台，可以直接将零件放在上面晾干，不容易留下痕迹。

表面处理用品

亮油，用来给局部增加光亮效果，通常涂在鞋子、小饰品等位置。

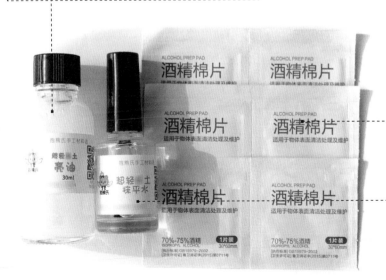

酒精棉片，用来打磨黏土表层。

抹平水，用来抹平黏土的接缝。

底座及相关工具

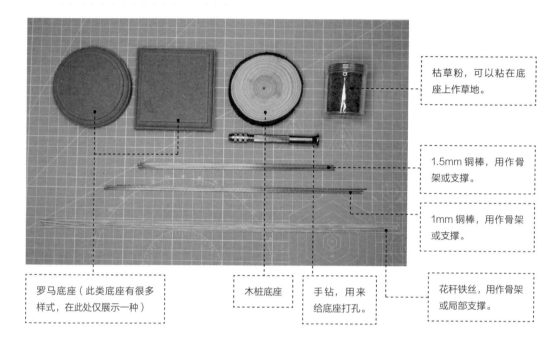

枯草粉，可以粘在底座上作草地。

1.5mm 铜棒，用作骨架或支撑。

1mm 铜棒，用作骨架或支撑。

罗马底座（此类底座有很多样式，在此处仅展示一种）

木桩底座

手钻，用来给底座打孔。

花秆铁丝，用作骨架或局部支撑。

其他工具

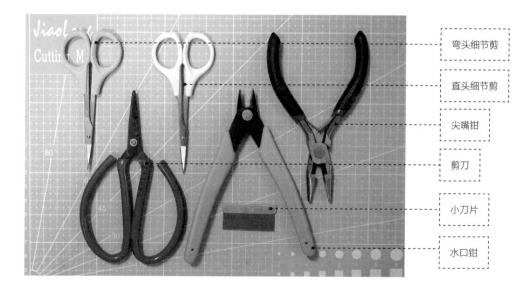

弯头细节剪

直头细节剪

尖嘴钳

剪刀

小刀片

水口钳

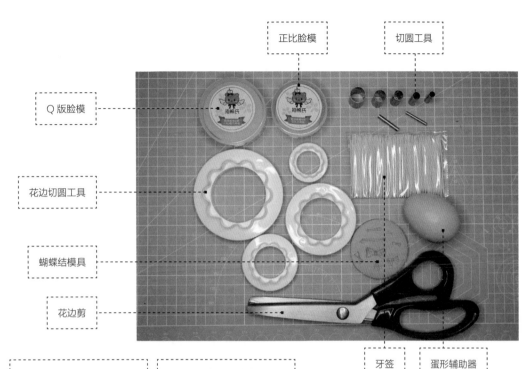

正比脸模

切圆工具

Q版脸模

花边切圆工具

蝴蝶结模具

花边剪

牙签　　蛋形辅助器

小喷壶，用来给黏土喷水，防止黏土干掉。

白乳胶分装，用来给细节部分涂白乳胶。

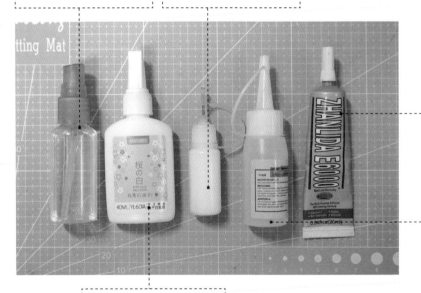

饰品胶，用来黏合金属、亮片等小饰品。

酒精胶，用来黏合底座。

白乳胶，用来黏合黏土零件。

2. 常用黏土

基础黏土

价格比较低，颜色丰富，适合新手练习使用，但如果操作速度太慢，比较容易出现小裂纹或褶皱，晾干后会出现轻度膨胀。

专业手办黏土

升级版的黏土，表面不易开裂起皱。手感细腻绵密、不出油，晾干后膨胀率低。成品重量更轻，且可以轻微弯曲而不会折断。晾干后表面偏亚光效果。

新配方专业手办黏土

这款黏土的手感中等偏硬，密度比一般的黏土大。它的表面较上一版黏土更不易开裂起皱，可操作时间更长，可用抹平水和酒精棉片打磨。晾干后几乎不膨胀、不缩水，成品表面更细腻光滑。本书作品使用的黏土都是这一款。

金属色树脂土

这种树脂土可以用来制作金属质感的零件，也可以和黏土混合使用，制作出亮晶晶的效果。

3. 脸模的使用方法

将黏土搓成一个球，然后将相对比较光滑的那一面用手指捏出一个尖头，注意尖头不能有皱，不要过尖。将尖头对准脸模的鼻尖，顺势用大拇指和食指将黏土压进去，挤出所有空气，把整个脸模填满后压平，将多余的黏土推到头顶上方。捏住多余的黏土，快速将脸部拔出，脸部就制作完成了。

正比脸模

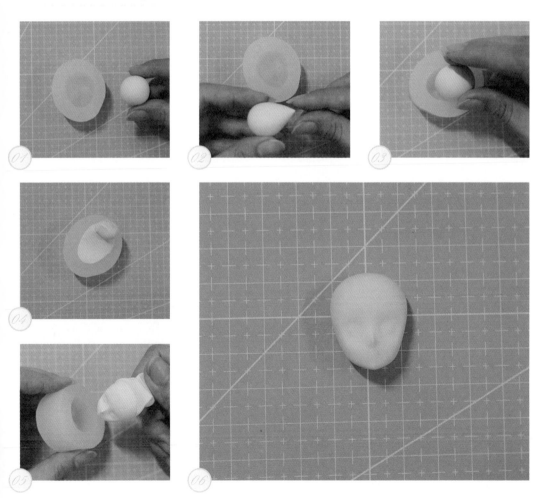

Q版脸模

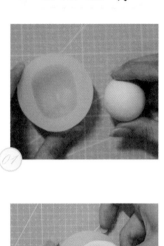

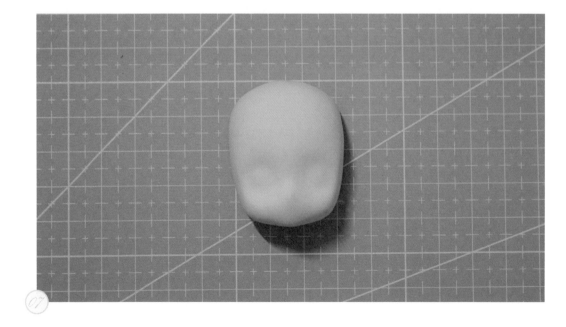

4. 蝴蝶结模具的使用方法

取少量黏土，放入模具，用丸棒或者手指把黏土小心地填满整个模具后压平，然后轻轻弯折模具，小心地取出蝴蝶结。

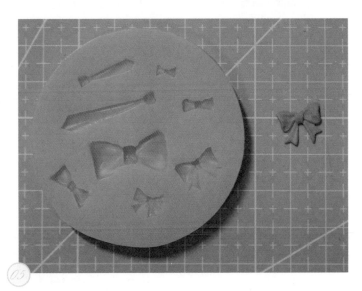

用化妆刷蘸取色粉刷出阴影

红棕色：咖啡色 + 红色

草绿色：橄榄绿色 +
橙色 + 银色

用塑料刀压出纹路

用勾线笔蘸取丙
烯颜料画眼睛

用化妆刷蘸取色
粉画出妆容

用压痕笔压
出大方领的
蕾丝花边

棕色：肤色 + 深棕色

用花边剪剪出
的小弧形花边

用两用细节
针压出的围
裙褶皱

深棕色：咖啡色 + 黑棕色

腿和蘑菇
柄里有铜
棒骨架

浅棕色：泥土色 + 肤色

木桩底座

采蘑菇的小蘑菇

星雾之森之人物设定

在密密麻麻生长着奇幻植物的星雾之森中，在那些参天大树下面不起眼的小角落里，一朵小小的蘑菇在雨水的滋润下渐渐长大。她虽然没有鲜艳的裙子，但总是穿得干净整齐；她虽然没有大大的房子，但还是可以把自己的小生活过得有滋有味。她虽然看起来柔柔弱弱，但经常会用自己圆圆的伞盖帮助避雨的小虫子们。她虽然十分平凡，但仍然在这偌大的奇幻世界里独立而又坚强地生活着。

制作提示

① 外形要展现蘑菇的特征，除了显而易见的蘑菇帽子，将发型也设计为比较圆润的形状，裙子也制作成蘑菇形状的圆圆的伞裙，注意不要有太过尖锐的形状出现。

② 注意色调的统一，在配色上使用了蘑菇的红棕色、棕色等暖色，也用了代表森林的绿色作为辅助。颜色的饱和度要低一些，要突出她"普通"这一特点，不要用太"跳"的颜色以免破坏整体的气氛。

③ 表情要符合人物的性格，有一点点呆，一点点倔强。眉毛的形状和配色也要贴合前两点要求，所以使用色粉晕染出圆圆的豆豆眉。

1. 案例中用到的配色

深棕色：鞋子、后脑勺、头发

草绿色：裙子、鞋子花边、小蝴蝶结

棕色：身体、袖子、竹篮

浅棕色：围裙和裙边、袖子花边

红棕色：帽子

2. 制作面部

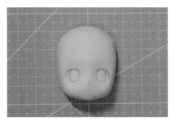

01 准备一个已经晾干的 Q 版脸模，用铅笔在上面画出草稿，注意下笔时不要太用力，以免划破黏土表面，影响面部质感。

02 用白色丙烯颜料填充眼白部分，颜料晾干后用貂毛笔蘸取橙色色粉填充眼睛底色，然后用黑色色粉填充眼睛的深色区域和眉毛。使用色粉的时候注意少量多次，不要涂到草稿外，不然会画得很脏。

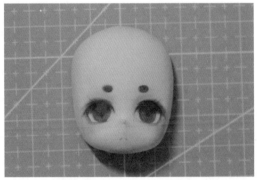

03 用棕色色粉给人物画上眼影，然后用粉色色粉在上眼睑、面颊、鼻头、下巴处轻轻晕染一些红晕。

04 用勾线笔蘸取黑色丙烯颜料加深眼睛的深色部分并画出嘴巴，再用浅灰色丙烯颜料画出眼底的反光和睫毛。

05 用白色丙烯颜料画出眼睛和面颊的高光。

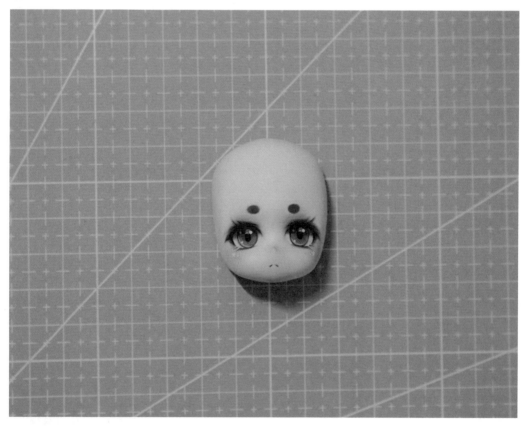

06 面部制作完成。

3. 制作头部

01 用深棕色黏土制作一个半球形，用作后脑勺。

02 用塑料刀和两用细节针在后脑勺上压出头发的纹路。

03 把脸贴在做好的后脑勺上，下方齐平，上方和左右两边都要留出一些空余。

04 用压泥板把少量深棕色黏土搓成水滴形，再把较圆润的一端捏成图示形状，按在蛋形辅助器上压扁。

05 用两用细节针压出纹路后取下黏土，用弯头细节剪剪出头发分叉。一侧头发制作完成。

06 用同样的方法制作另一侧头发，注意区分左右。

07 取深棕色黏土搓成一个小球按在蛋形辅助器上，然后用塑料刀将边缘处理平整。

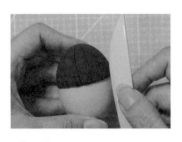  

08 用塑料刀和两用细节针压出纹路后取下黏土，用弯头细节剪剪出一些小小的分缝。刘海制作完成。

09 把之前制作的刘海和头发依次贴在人物的头部。

10 用手指把黏土搓成水滴形，用塑料刀和两用细节针压出纹路，制作两个小辫子。

 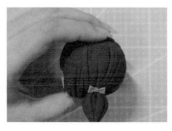

11 把小辫子分别贴在头部两侧，并加上小蝴蝶结（制作方法见第33页）。

12 头部制作完成。

4. 制作腿部

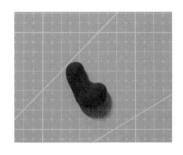 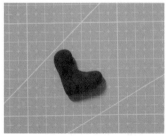 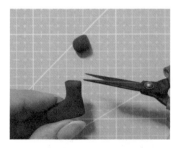

01 把深棕色黏土捏成L形，然后捏平底部，搓细脚踝，调整成鞋子的形状，用剪刀把多余的部分剪去。

 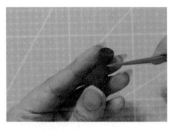 

02 用丸棒把鞋子顶部压出凹坑，用细节针在鞋面上压出一些褶皱。鞋子制作完成。用同样的方法再制作一只鞋子，注意区分左右。

03 取两块同样大小的棕色黏土，都用压泥板搓成一头粗、一头细的形状。

04 以中间为分界，用手指调整出大腿和小腿形状。

05 用细节针压出膝盖，然后用剪刀把小腿剪掉一部分。

044

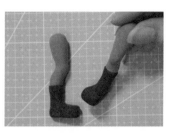

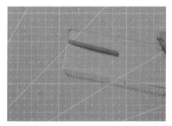

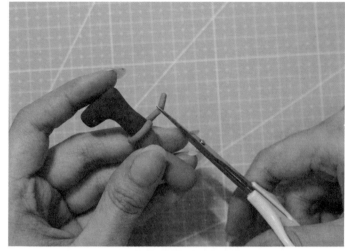

06 把腿和鞋子粘在一起，取绿色黏土用压泥板搓一根长条，围在腿和鞋子的接口处。用直头细节剪剪去多余的部分。

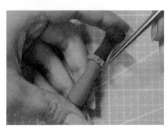

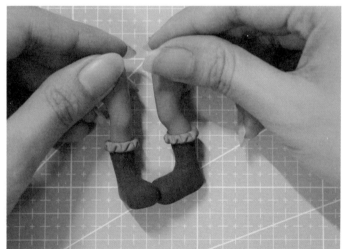

07 用细节针在绿色黏土上压出纹路，腿部制作完成。

5. 制作手臂和手

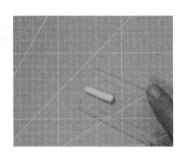

01 用肤色黏土搓成一个小球，用压泥板将小球搓成一头粗一头细的形状，搓两个。

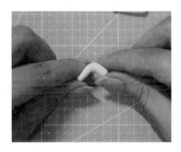
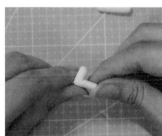

02 将其中一个弯折成手臂的形状。

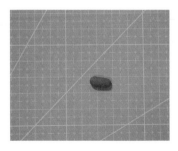
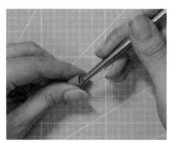
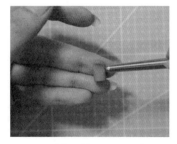

03 将一块绿色黏土搓成一个直径约 5mm 的小圆柱，然后用细节针将一头压出一个坑，另一头压出一个凹痕。

04 将另一块绿色黏土搓成直径约 2mm 的小圆柱，用剪刀斜着剪一下，制作出大拇指，粘到之前制作的手上。用细节针修整一下，在一端压出手腕的形状。手制作完成。

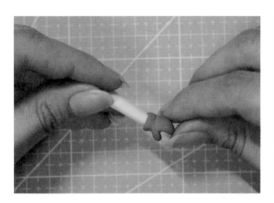 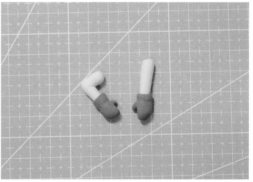

05 将上一步制作的手粘到之前做好的手臂上，用同样的方法制作另一只手和手臂，但这只手臂不需要弯折。

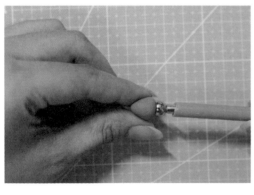 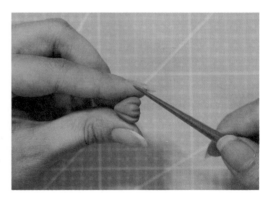

06 将棕色黏土搓成一个圆锥体，用丸棒在底部压出凹陷，再用两用细节针压出褶皱。

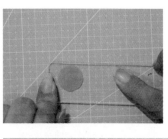  

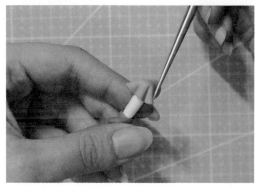 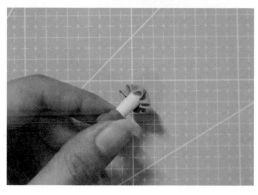

07 将一块浅棕色黏土压成直径约2cm的圆片,放在手臂横截面处,然后用细节针向下压成花朵状袖子。

 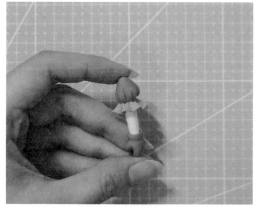

08 用细节针将顶部也压出小褶皱,然后将之前制作的圆锥体粘上去,用同样的方法再制作一只手臂上的袖子。手臂制作完成。

6. 制作裙子

01 将一块圆饼状的绿色黏土放在蛋形辅助器上，压出蛋壳的形状，用塑料刀将边缘处理平整。

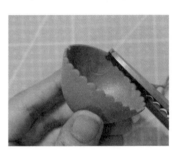

02 将黏土取下，用花边剪将边缘剪出花边。

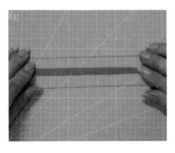
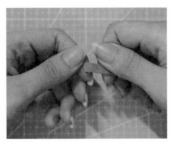
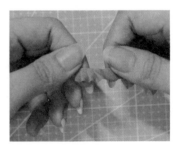

03 将浅棕色黏土搓成细条，然后用压泥板压扁，均匀地叠出相互重叠的小褶作为裙边。

04　在蛋壳形黏土的内部边缘刷一点水或者白乳胶，然后将之前制作的裙边小心地粘上去。

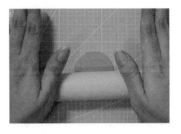

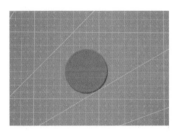

05　将浅棕色黏土用帕蒂格擀面杖擀片，用花边切圆工具切出一个圆片（直径约为3cm）。

06　将圆片贴在裙子前方靠上的位置，并用两用细节针压出褶皱。

07　用相同的方法取浅棕色黏土再制作一条裙边，上缘用弯头细节剪修剪整齐。

08 将裙边贴在圆片周围，围裙制作完成。

09 将棕色的黏土球稍稍捏扁，然后用丸棒在底部压出一个坑，再用小一点的丸棒在上方正中间压一个坑用来连接脖子，将黏土侧面捏平用来连接手臂。

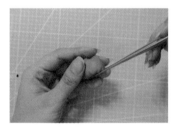  

10 用细节针将底部压出一些褶皱，然后用肤色黏土搓一个圆柱当作脖子，粘到顶部，最后和裙子粘在一起。

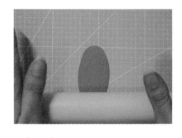 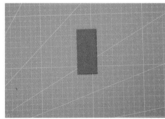 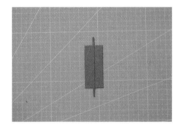

11 将绿色黏土用帕蒂格擀面杖擀片，然后切成长方形，再用绿色黏土搓一个小扁条放在中间。

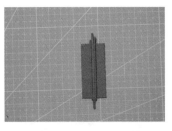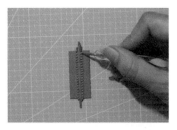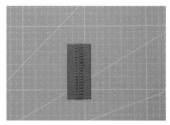

12 用绿色黏土搓两根小条，放在小扁条的两边，用压痕笔在两边的小条上压出规则的小坑作为花边，然后剪去多余的部分。

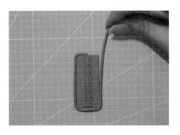

13 用绿色黏土搓一个细长条，粘在长方形的周围，用大一点的压痕笔在四周压出规则的花纹，然后用小一点的压痕笔在花纹中间压出小坑，蕾丝花边效果制作完成。

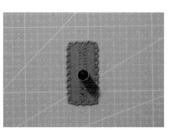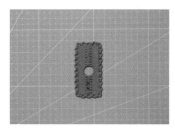

14 把红棕色黏土搓成两个 1mm 直径的小球，粘在中间的小条上，作为扣子。然后用切圆工具在中间切一个圆洞，大方领就做好了。

15 将做好的手臂粘在身体上，取绿色黏土用蝴蝶结模具制作 3 个蝴蝶结，其中 2 个粘在围裙两侧。然后将大方领粘到身体上，再将剩余的 1 个蝴蝶结粘在领口处，注意有扣子的一面是正面。

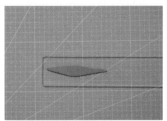

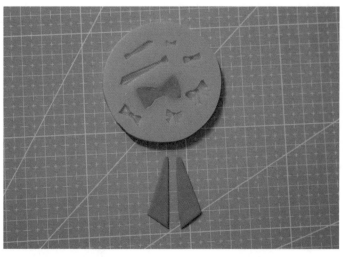

16 将浅棕色黏土搓成小条，中间粗、两端细，用压泥板压扁，将它从中间斜着剪成两部分作为飘带，然后用蝴蝶结模具再制作一个较大的蝴蝶结。

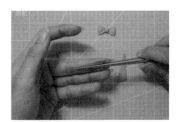

17 用细节针将两条飘带压出痕迹，然后将它和之前制作的蝴蝶结粘在一起，最后将大蝴蝶结粘在身体背面就可以了。裙子制作完成。

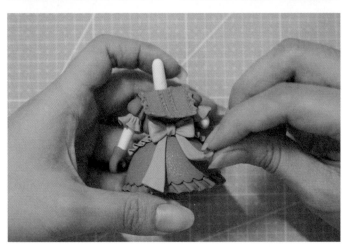

7. 制作大小不同的蘑菇

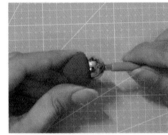

01 将红棕色黏土搓成一个胖胖的圆锥体，再用丸棒在底面压出一个坑，再将另一块红棕色黏土搓成一个一端大、一端小的圆柱，将圆柱粘在胖胖的圆锥体上，一个小蘑菇就制作完成了。

提示

因每个蘑菇的颜色形态各异，建议用咖啡色、肤色和红色黏土使用随意比例调配不同颜色，搓另一个混合色用来制作蘑菇。

02 用混合色搓出一个蛋形的球，然后压在蛋形辅助器上，作为蘑菇头，然后用塑料刀在边缘压出一些痕迹，内部也压出一些痕迹。

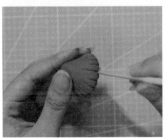
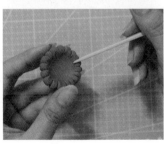

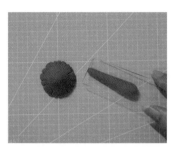  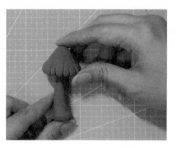

03 取混合色黏土用压泥板搓出一个圆柱，一头大、一头小，然后用食指将大头向小头一侧推压，让小头一侧的黏土稍微多一点，然后将蘑菇头粘上。

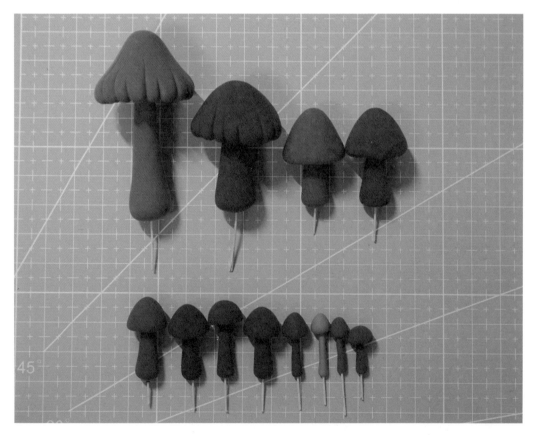

04 用同样的方法制作一些大小不一的蘑菇，待晾干后插入花秆铁丝或铜棒作为骨架。蘑菇制作完成。

8. 制作竹篮

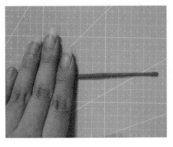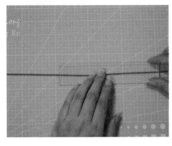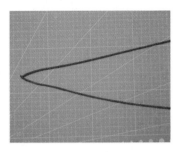

01 用手把棕色黏土搓细，再用压泥板把细条搓均匀。用同样的方法搓两根细条，将它们的一端粘在一起。

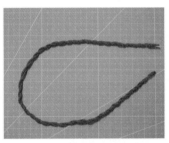

02 捏住黏合的一端，旋转两根黏土，转成麻花状，全部转成麻花状之后，从一端开始盘起来，作为篮子的底部。

03 底部制作完成后，开始往上盘，一层一层地盘出篮筐，剩余的一截弯折成弧形，作为竹篮的提手。

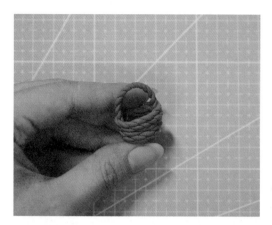

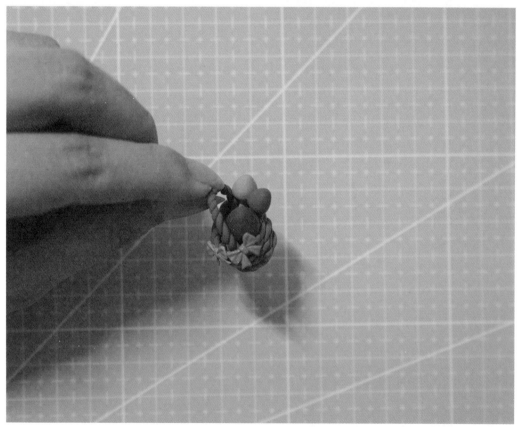

04 将提手粘到篮筐上，再粘上浅棕色和绿色黏土的两个蝴蝶结（翻蝴蝶结教程可以参考 33 页），然后在竹篮里放一些之前制作的蘑菇。竹篮制作完成。

9. 制作帽子

  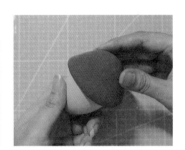

01 将红棕色黏土搓成一个球，然后压在蛋形辅助器上，压出帽子的形状后取下来，将边缘轻轻捏得向外翘起一些。

02 用塑料刀在黏土边缘压出压痕，内侧也要压一下。

03

用化妆刷将深棕色色粉如上图所示刷在帽子上。帽子制作完成。

10. 制作底座及整体组合

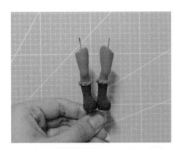 

01

为腿部插入铜棒骨架，在腿根处涂一点白乳胶，然后将腿部插入裙子。

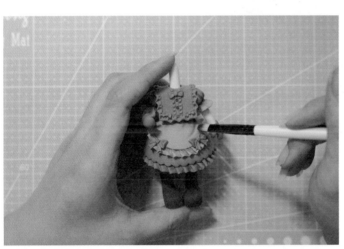

02

用化妆刷在围裙褶皱的凹痕处刷一些咖啡色色粉。

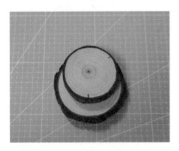  

03

将两个大小不一的木桩底座粘在一起，然后给底座打孔，将蘑菇错落有致地插在底座的边缘，并用化妆刷蘸取黑色色粉为蘑菇刷出渐变效果。

04 将身体放到较小的底座上，标记一下鞋底骨架的位置，然后给底座打孔，将身体插入底座。

05 用切圆工具给头部打孔，用镊子取出黏土，然后将头部插在
身体上。

06 给角色戴上帽子，作品完成。

用七本针制作
耳朵上的毛球
的质感

绿色：绿色＋橙色＋银色

橙黄色：橙色＋
黄色＋深棕色

用勾线笔蘸取丙
烯颜料画眼睛
用化妆刷蘸取色
粉画出妆容

深棕色：咖啡色＋黑色

将枯草粉铺在木桩
底座上，表现森林
地面的质感

棕黄色：橙色＋咖啡色

第 **3** 章

森林里的松鼠弟弟

星雾之森之人物设定

星雾之森在大多数的时候都是安安静静的，但这安静的氛围也偶尔会被一道跳来跳去的身影打破，那就是住在星雾之森深处的松鼠弟弟。

有些人害怕星雾之森的幽深，但松鼠弟弟恰恰相反，他太喜欢这片森林了，他喜欢在树枝间跳来跳去，捕捉阳光在树叶和雾气间的影子。星雾之森中有数不尽的榛子、橡果、松果，这对松鼠弟弟来说就是"宝藏"，在这星雾之森中寻找这些"宝藏"是他最大的乐趣。

他喜欢把收集来的这些"宝藏"偷偷地藏起来，埋在他认为安全的地方，这让他有满满的成就感。但是，每天跳来跳去的他有时候会忘记把"宝藏"埋在了哪里。不过，即使忘记了他也不会再去找，因为被忘记的那些"宝藏"从来都是不甘寂寞的，过一段时间，一棵棵小小的榛子树、松树和橡树就会从土壤里冒出来。

制作提示

① 松鼠弟弟与小蘑菇是好朋友，所以二者的配色比较接近：以松鼠的棕黄色为主色，加上代表森林的绿色。

② 帽子、尾巴、手脚都采用松鼠的形态，再加上一些与松鼠相关的元素，比如橡果和松果，底座也用了枯草来表现出森林地面的质感。

③ 表情要活泼和淘气一些。

1. 案例中用到的配色

深棕色：靴子、橡果

棕黄色：帽子、腿、尾巴、手臂、身体、耳朵

橙黄色：围脖、毛球、蝴蝶结、尾巴花纹、靴子和裤子
装饰、爪子、衣服装饰、耳朵

绿色：头发、蝴蝶结

2. 制作面部

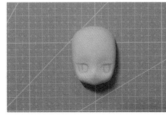

01 准备一个已经晾干的
Q版脸模，用铅笔在
上面画出草稿，注意
下笔时不要太用力，
以免划破黏土表面，
影响面部质感。

 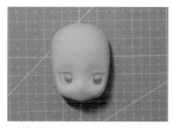

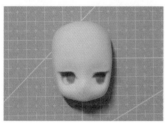 

02

用白色丙烯颜料填充眼白部分，颜料晾干后用貂毛笔蘸取黄绿色色粉填充眼睛的底色，用黑色色粉填充眼睛的深色区域，然后用黄绿色色粉画出眉毛的底色。使用色粉的时候注意少量多次，不要涂到草稿外，不然会画得很脏。

 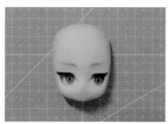

03

用黑色丙烯颜料加深眼睛的深色部分，画出瞳孔。

 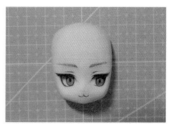

04

用勾线笔蘸取黑色丙烯颜料用细线画出嘴巴、眉毛、眼睑、眼线等细节。

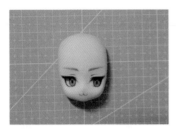

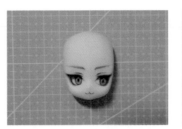

05 用灰色色粉画出眼中的反光。

06 用棕色色粉给人物画上眼影，然后用粉色色粉在额头、面颊、鼻头、下巴处轻轻晕染一些红晕。

07 用浅灰色丙烯颜料画出眼底的反光。

08 用白色丙烯颜料画出眼睛和面颊的高光，面部制作完成。

3. 制作头发

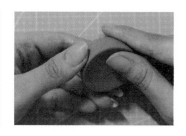

01 用绿色黏土搓一个小球，然后用手捏成半球。

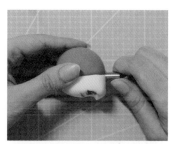

02 将半球贴在脸后方，等待黏土彻底晾干，然后用切圆工具在底部打一个孔，用镊子取出多余的黏土。

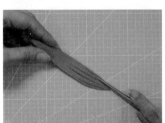

03 将绿色黏土搓成小条，然后用压泥板压成柳叶形，用塑料刀和细节针压出头发的纹路。另一面下端也用细节钎压出头发的纹路，然后把下端卷起来。

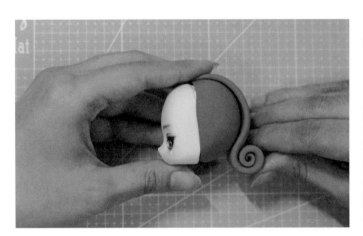

04 将另一端弯折成弧形，贴在头上。

关注绘客公众号，输入 54321，下载此处教学视频（3-3-12）

05 用同样的方法再做 4 条头发，贴在头上。

06 将绿色黏土搓成小细条，中间略粗；然后压成柳叶形，放在蛋形辅助器上，用塑料刀压出纹路。

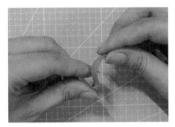

07 将一端卷起，另一端弯折成弧形，然后贴在脸的右侧。

08 将绿色黏土搓成一个胖一点的小条，两头细、中间粗，压扁后放在蛋形辅助器上，用细节针压出纹路。

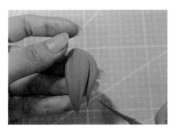

09 用剪刀顺着压出的纹路剪出一个发缝，分出一缕发丝，然后将头发下端微微卷起，贴在脸的右侧。

关注绘客公众号，输入 54321，
下载此处教学视频（3-3-26）

10 用绿色黏土压出一个柳叶形，一端稍向右弯，放在蛋形辅助器上用塑料刀压出纹路，将稍向右弯的一端轻微翘起一点，贴在脸的左侧。

关注绘客公众号，输入 54321，
下载此处教学视频（3-3-29）

11 用与第 10 步同样的方法再制作一缕头发，贴在中间作刘海。

12 用与第 6 步同样的方法再制作两缕头发，分别贴在头部两侧前发和后发交接处。

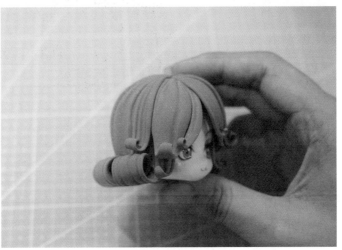

关注绘客公众号，输入 54321，下载此处教学视频（3-3-34）

13 用与第 6 步类似的方法制作一缕反向弯曲的头发，贴在刘海上，头发制作完成。

4. 制作腿部

01 将深棕色黏土搓成 L 形，然后捏成靴子的形状，用细节针将靴子底部压平。

 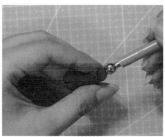 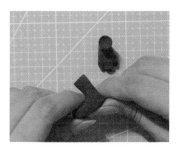

02 用塑料刀压出 3 根脚趾，然后用丸棒在顶部压出一个坑。用同样的方法再做一只。靴子制作完成。

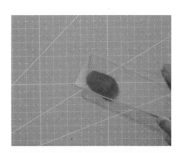  

03 将棕黄色黏土搓成一个圆柱，用压泥板将它搓成一头粗、一头细的形状，以中间为分界，用手指调整出大腿和小腿的形状。

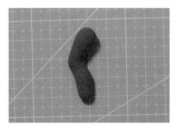
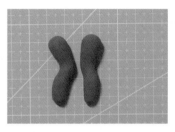

04 用细节针将膝盖下方的两侧压一下，表现膝盖。用同样的方法制作另一条腿，注意两条腿的弯曲程度稍有不同。

05 将腿部和靴子粘在一起，把橙黄色黏土搓成长条然后压成长方形薄片，贴在靴子和腿的交界处。用直头细节剪剪去多余的部分，用手指把接缝处抹平。

06 将橙黄色黏土搓成长条圆柱，贴在上一步制作的长条装饰的上方。

07 用牙签在橙黄色黏土长条圆柱上扎一些小孔，表现出毛茸茸的质感。用同样的方法制作另一只靴子的装饰，然后取橙黄色黏土用蝴蝶结模具制作两个蝴蝶结，分别贴在长条装饰上。

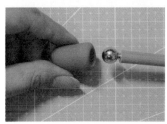
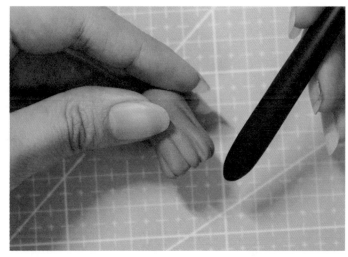

08 用绿色黏土搓一个圆柱，捏成一个接近钟的形状，用丸棒在一端压出一个坑，然后用两用细节针在下端压出褶皱。裤子制作完成。

09 将裤子和腿粘在一起，在交界处用同样的方法贴上橙黄色长条圆柱并做出毛茸茸的质感。将深棕色黏土搓成细条后压成薄薄的长方形，贴在膝盖的上方，接口放在正面。

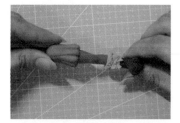

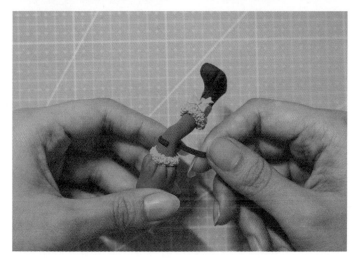

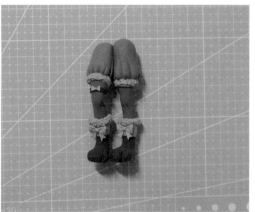

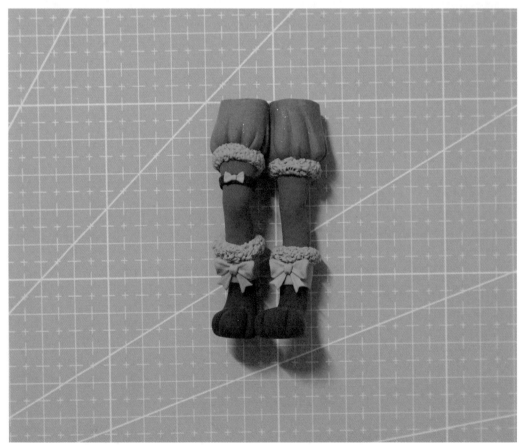

10 取橙黄色黏土用蝴蝶结模具制作一个小蝴蝶结，如果太小了，可以用牙签来辅助操作，贴在深棕色黏土的接口处。用同样的方法制作另一条腿。将两条腿的裤子粘在一起，然后把上端切平。腿部制作完成。

5. 制作手臂、爪子和尾巴

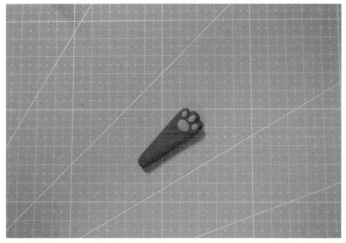

01 将棕黄色黏土搓成一个类似圆锥的形状，用塑料刀在较大的一端压出爪子的形状，用橙黄色黏土压出 4 个小椭圆，如上图所示贴在掌心。用同样的方法再做一只手臂、爪子。手臂、爪子制作完成。

02 将棕黄色黏土搓成一头大、一头小的类似长圆柱的形状，然后从较大的一端开始卷，使另一端微微翘起。

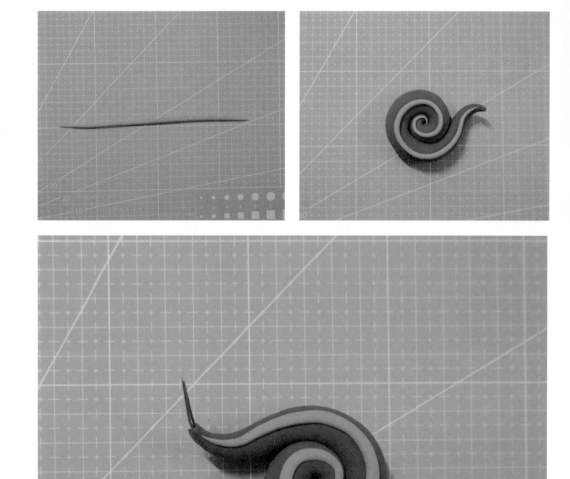

03 将橙黄色黏土搓成小细条，沿着尾巴旋转的方向，贴上去。等稍微晾干一些，在尾巴中插入铜棒骨架。尾巴制作完成。

6. 制作身体

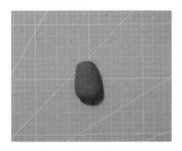  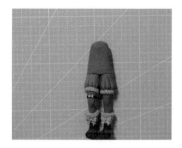

01 将棕黄色黏土搓成类似钟的形状，稍微捏扁一点，用剪刀将底部剪平，然后将双腿粘上去。

02 将顶部也剪平，然后丸棒在身体顶部压一个小坑，用肤色黏土搓一个圆柱粘上去作为脖子，用丸棒在身体两侧手臂的位置压两个小坑。

  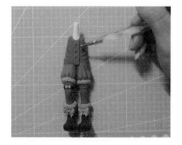

03 用细节针将身体两侧压出褶皱，贴一个棕黄色黏土小条在身体前方中央，并用压痕笔压3个小坑。

04 搓3个用橙黄色黏土做成的小球，放在刚才的3个坑中作扣子，然后用橙黄色黏土搓一个长条圆柱，贴在身体和裤子的交界处，用七本针扎出毛茸茸的质感。

05 将橙黄色黏土搓成条，用压泥板压成柳叶形，从中间斜着剪开，作为蝴蝶结的飘带。

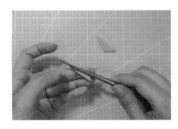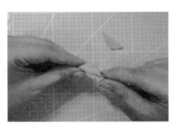

06 用细节针在两个飘带中间压出痕迹，用手指调整飘带形状，然后取橙黄色黏土用蝴蝶结模具制作一个蝴蝶结，将飘带粘在蝴蝶结下方。用同样的方法再做一个。

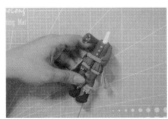

07 将两个蝴蝶结分别粘在裤子的两侧，将手臂也粘上去，注意两只手臂的动作幅度不一样。用橙黄色黏土搓一个圆柱，粘在肩膀处作为围脖。在脖子里插入两根铜棒作为骨架。

 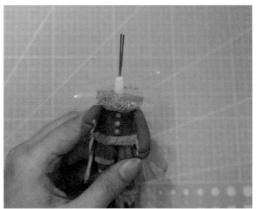

08 用七本针将围脖扎出毛茸茸的质感，取一片塑料纸，在中间剪一个洞插入脖子，然后将头部插上，把围脖压出需要的弧度后，取下头部。塑料纸可以避免没有干透的围脖和头部粘在一起待围脖干透后，将塑料纸直接撕掉即可。身体制作完成。

7. 制作帽子和耳朵

01 用棕黄色黏土搓出一个球，压扁后放在蛋形辅助器上，压成帽子的形状，戴在头上。帽子制作完成。

02 将棕黄色黏土搓成梭形，用剪刀从中间斜着剪开，得到两个类似斜圆锥的形状。

03 将斜圆锥的一个侧面捏平，然后把底面放在蛋形辅助器上压出弧度，下左图是背面效果，下右图是正面效果。

 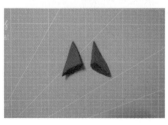

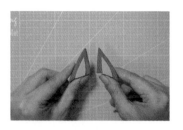

04 将橙黄色黏土搓成梭形，压扁，从中间斜着剪开，分别贴在两个耳朵中间。

05 将耳朵粘在帽子上，然后用橙黄色黏土搓两个小球，插在牙签上等待彻底晾干，最后在外面包上一层黏土。

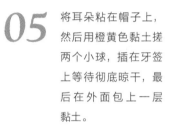

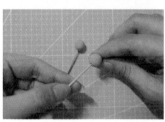

06 用七本针将两个小球扎出毛茸茸的质感，然后分别粘在两个耳朵尖上。

07

用貂毛笔将头发缝隙和耳朵帽子的交界处刷上黑色色粉。然后取橙黄色黏土用蝴蝶结模具制作 4 个蝴蝶结，在刘海和帽子两侧贴 2 个小小的蝴蝶结发夹。耳朵制作完成。

8. 制作橡果和松果

01 用深棕色黏土搓出一个小圆球，用手捏出一个尖，将另一面稍微压平一点。

02 取深棕色黏土搓扁一点，放在蛋形辅助器上，调整成冠的形状，然后贴在上一步制作的小球上。

03 用压痕笔在冠的顶部压一个小孔，然后用塑料刀斜着从下方往小孔的方向压出痕迹，然后反方向再压一次。

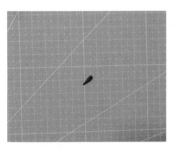 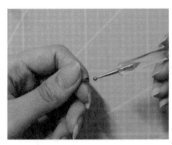 

04 用深棕色黏土搓出一个小的长水滴形，在较大的一端用压痕笔压一个小坑，然后将较小的一端放在上一步制作的果实的小坑中。

05 用化妆刷在橡果的凹槽处刷上深棕色色粉，橡果制作完成。

 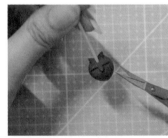

06 用深棕色黏土搓出一个水滴形，插上牙签，用剪刀错落地剪出"五角星状"的小刺。

07

用同样的方法制作 3 个大小不同的松果。用化妆刷在凹陷的部分刷上深棕色色粉，待晾干后从牙签上取下。松果制作完成。

9. 制作底座及整体组合

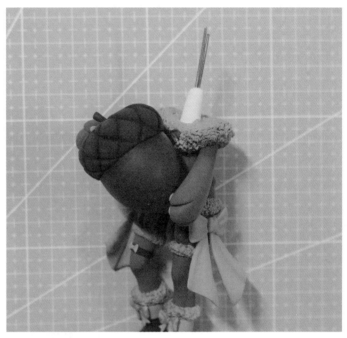

01

取绿色黏土用蝴蝶结模具制作一个
小蝴蝶结贴在围脖中央作装饰，给
脖子插上铜棒骨架，然后将松果粘
在手上。

02
在木桩底座上涂上白乳胶，然后均匀地撒上枯草粉，等待晾干。

03 将尾巴插入身体，将头部也安装在身体上。整体组合完成。

04

在底座的合适位置打孔，将腿部插入底座，再在底座上粘上松果，森林里的松鼠弟弟制作完成。

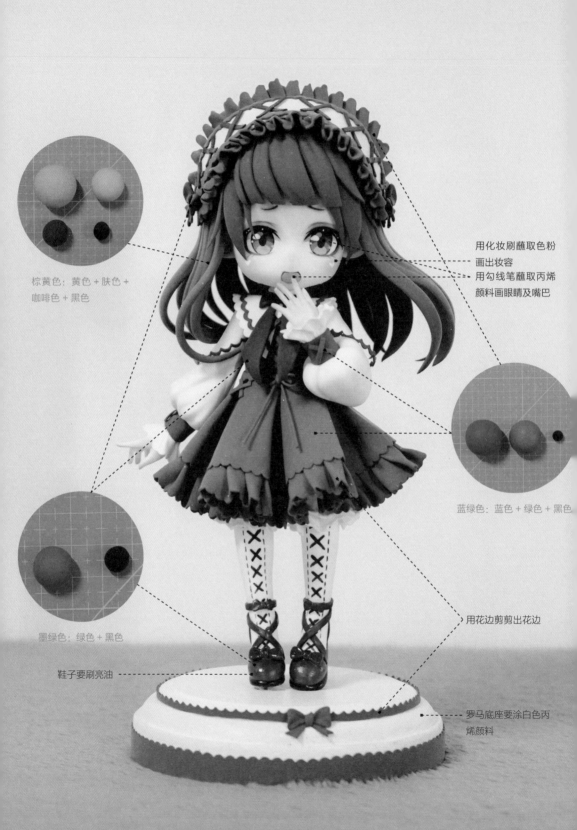

棕黄色：黄色＋肤色＋
咖啡色＋黑色

用化妆刷蘸取色粉
画出妆容
用勾线笔蘸取丙烯
颜料画眼睛及嘴巴

蓝绿色：蓝色＋绿色＋黑色

墨绿色：绿色＋黑色

用花边剪剪出花边

鞋子要刷亮油

罗马底座要涂白色丙
烯颜料

CHAPTER FOUR

第 **4** 章

绿松石洋装少女

星雾之森之人物设定

她是美丽的绿松石，天生有着娇艳柔媚的色彩，细腻的皮肤。她从小就被告知，绿松石是象征成功的幸运之石，她要努力不辜负所有人的信任，成为一个能够给大家带来成功、带来幸运的吉祥物。

可是压力并没有使她成为一个在别人眼中可以独当一面的人，她遇事还是容易慌张。她很奇怪为什么会有人理所当然地觉得她有给人带来幸运的超能力。每当别人对她说："请给我带来成功和幸运吧！"她只想说："我也很想给你啊，可是我也没有办法呀！"

制作提示

① 配色主要采用蓝绿色和白色，大家也可以尝试一下不同的配色，但要注意颜色种类不要过多，因为服饰本身已经比较复杂了，颜色太多会显得太过杂乱。

② 服装的设计是比较常见的洛丽塔裙子和发带，使用了较多蝴蝶结、花边、交叉绑带等元素。

③ 与前两个人物不同的是，她的眼睛线条比较清晰，以衬托她干净的气质。注意配色也要和整体服饰风格相呼应。眉毛和嘴巴对情绪的表达影响很大，一定要注意它们的形状。

1. 案例中用到的配色

蓝绿色：裙子、发带、手腕装饰、底座装饰

墨绿色：鞋子、领口蝴蝶结、发带

黄棕色：头发、后脑勺

2. 制作面部

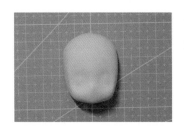

01

准备一个已经晾干的 Q 版脸模，用铅笔在上面画出草稿，注意下笔时不要太用力，以免划破黏土表面，影响面部质感。

02

用白色丙烯颜料填充眼白部分，再用浅灰色丙烯颜料画出眼白的暗部。

03

用勾线笔蘸取黑色丙烯颜料画出眼睛、眉毛、嘴巴的轮廓，将眼睑和眼睫毛也画出来。

04

用深蓝色色粉画出眼珠的暗部，然后用越来越浅的蓝色色粉逐步往下画出渐变效果。用较浅的蓝色画出眼睛的高光。

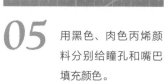

05

用黑色、肉色丙烯颜料分别给瞳孔和嘴巴填充颜色。

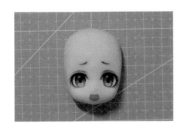 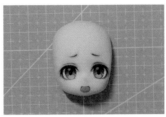

06

用棕色色粉给人物画上眼影并晕染眉毛，然后用黑色丙烯颜料加深下嘴巴轮廓，粉色色粉在面颊、鼻头、下巴处轻轻晕染一些红晕。

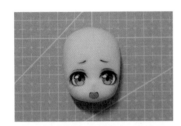

07

用白色丙烯颜料画出眼睛和面颊的高光，面部制作完成。

3. 制作头部

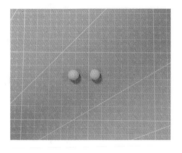 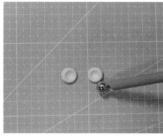 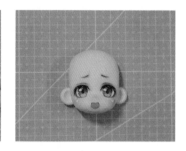

01 用肤色黏土搓两个小球，分别用丸棒压坑，然后贴在脸的后侧，耳朵制作完成。

  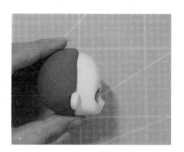

02 用棕黄色黏土搓出一个球，然后捏成半球形，贴在脸的后侧。

03 待后脑勺晾干后，用切圆工具在头底部打孔，然后用镊子取出其中的黏土。

098

 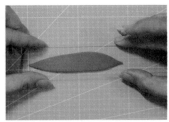 

04 用棕黄色黏土搓一个两头尖的长条，然后用压泥板压成柳叶形，最后用细节针压出纹路。

05 用相同的方法再制作4片头发，把它们并排贴在头上，用手把下端调整出一些弧度。注意，从后方看时头发整体应向左侧飘。

06 将耳朵剪掉一半。然后用步骤04的方法再制作两片头发，发尾可以用发尾剪剪开一些。将这两片头发贴在头的两侧，发尾弧度和方向与后方的头发一致。

07 将棕黄色黏土搓成梭形，在蛋形辅助器上压扁，然后用塑料刀压出发痕。

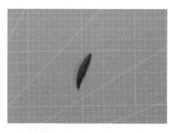 

08 用同样的方法制作另一边的鬓发，用剪刀剪出发丝，然后将两片鬓发贴在脸部两侧。

 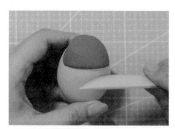 

09 将棕黄色黏土在蛋形辅助器上用压泥板压扁，用塑料刀把边缘切平整，再用塑料刀压出一些头发纹路。

 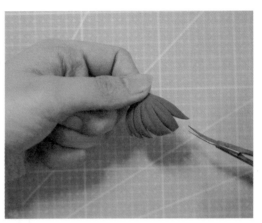

10 用细节针压一些小的纹路，用弯头细节剪根据压痕剪出发丝，然后将其贴在头部中间作为刘海。头部制作完成。

4. 制作发带

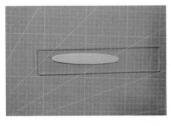 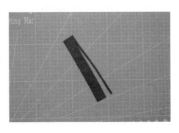 

01 将白色黏土用压泥板压成长椭圆形，注意用前面制作好的头部来比对一下其长度是否足够用作发带。将蓝绿色黏土擀片切成长方形，然后用花边剪剪出两条花边并贴在白色黏土边缘。

02 将蓝绿色黏土切长条，然后折出花边褶皱，贴在发带花边的外侧。将墨绿色黏土搓细压扁，切成小细条，交叉着贴在发带中间。

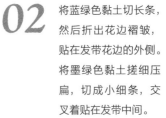

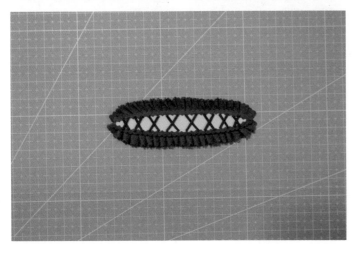

03 取墨绿色黏土用蝴蝶结模具制作两个蝴蝶结，粘在发带的两端，然后将发带贴在头上。发带制作完成。

5. 制作腿部

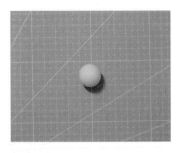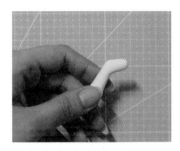

01 用肤色黏土搓一个小圆球，然后搓成一头大、一头小的圆柱，用手把黏土弯折成L形并捏出脚的雏形。

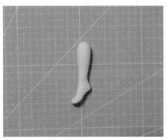

关注绘客公众号，输入 54321，
下载此处教学视频（4-5-5）

02 用手指捏出脚后跟，再调整一下脚尖的弧度，用同样的方法
再制作一只脚。

03 将墨绿色黏土压成一个圆片，然后从中间剪开，得到两个半圆，分别贴在脚尖上作为鞋头。

 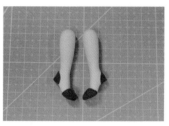 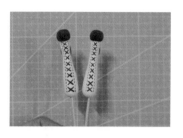

04 将墨绿色黏土压成一个圆片，然后从中间剪开，得到两个半圆，分别贴在两只脚的脚后跟部位。用熟褐色丙烯颜料画出袜子的花纹，为了使操作更方便，可以将两只脚插在牙签上。

05 将墨绿色黏土搓成细条并压扁，将一端剪成斜角，贴在鞋子前端，然后交叉缠在脚上。

 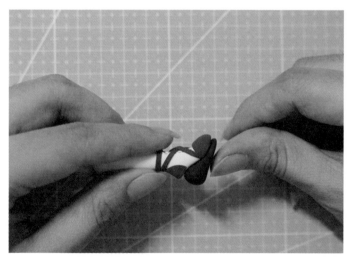

06 将黑色黏土搓成一个一头大、一头小的圆柱，将小的一头捏扁一点，作为鞋底。

07 将鞋底粘在脚上，用细节针将边缘处理平整，用同样的方法制作另一只鞋的鞋底。鞋子制作完成。

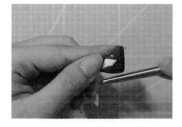 

08 用白色黏土搓一个小圆柱，然后用丸棒在一端压一个小坑，用细节针在边缘压出褶皱，调整一下形状。南瓜裤的一条裤腿制作完成。

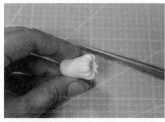 

  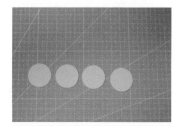

09 将白色黏土擀片，然后用花边切圆工具切 4 个圆。

10 用花边剪为每个圆剪出花边，放在腿的截面上，用细节针向下压成花朵形状。

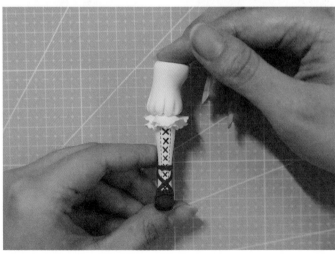

11 在第10步的基础上再贴一个圆，用细节针往下压，注意不要和前一片重叠，然后将南瓜裤粘上去。用同样的方法制作另一条腿。腿部制作完成。

6. 制作手和手臂

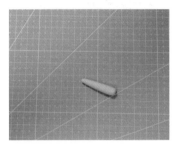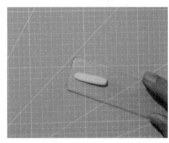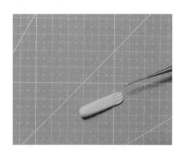

01 用肤色黏土搓一个一头大、一头小的圆柱，用压泥板把较小的一端稍稍压扁，然后用细节针切出手指的形状。

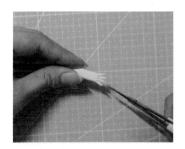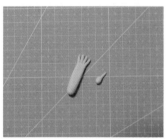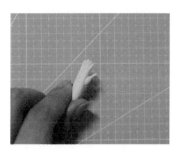

02 用直头细节剪将手指剪开，再用肤色黏土搓一个类似保龄球瓶形状的零件作为大拇指，粘在手上。

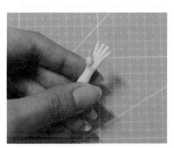

03 用塑料刀在手指和手掌交界处压出痕迹，用细节针抹平大拇指和手掌处的接缝，调整一下手掌的形状。

04 用手将手指掰开，用直头细节剪修剪一下手指的长度和形状，调整手的动作。

 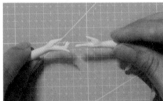

05 用细节针抹平手指的缝隙并调整手背的形状，然后同样的方法再做一只手，注意两只手的动作稍有不同。待手部晾干后，可以用酒精棉片抹平剪刀的痕迹。两只手制作完成。

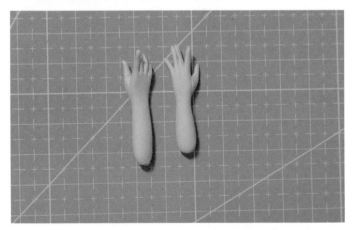

关注绘客公众号，输入 54321，下载此处教学视频（4-6-13）

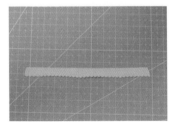 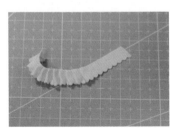 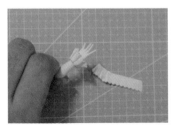

06 将白色黏土擀片后切成长条，用花边剪剪出一条花边，然后折成褶皱花边，围在手腕处，将多余的部分剪掉。

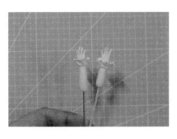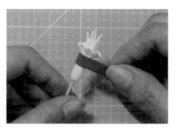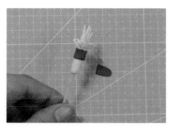

07 用同样的方法制作另一只手的花边。将蓝绿色黏土切成长条，围在手腕处，将多余的部分剪掉。接缝留在手心的一侧。为了使操作更方便，可以将两只手插在牙签上。

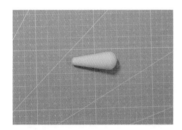

08 将白色黏土搓成圆锥形，用细节针在较大的一端压出褶皱，然后将右手手腕多余的黏土剪掉，将右手贴在手臂上，右手手臂制作完成。

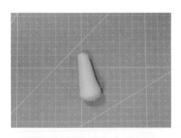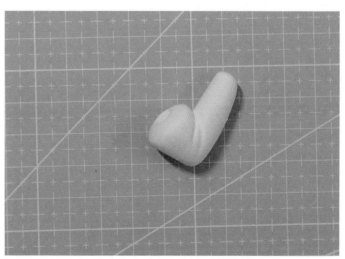

09 将白色黏土搓成圆锥形，然后弯折成 L 形，用细节针在手肘处压出褶皱。

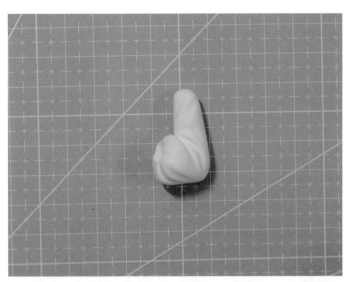

10 用细节针在袖子处压出褶皱，然后将左手手腕多余的黏土剪掉，将左手贴在手臂上，左手手臂制作完成。

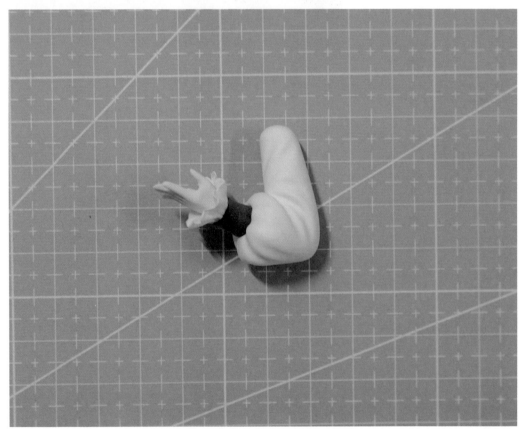

7. 制作裙子

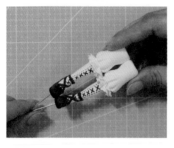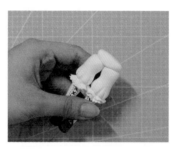

01 在两条腿中插入铜棒骨架，然后放在一起，上端用白色三角形黏土粘在一起，修整一下三角形黏土，作为腰部。

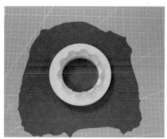

02 将蓝绿色黏土擀成一个大薄片，然后用花边切圆工具从中间切一个空心圆，用花边剪在外侧剪出花边。

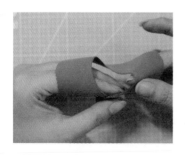

03 拿起圆环，在内圆处叠工字褶，建议叠出 6 个褶，得到花朵形状的裙摆。

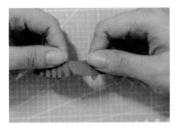

04 将蓝绿色黏土擀片并切成长条，可以把多个长条拼接在一起，用花边剪在一侧剪出花边，然后叠成一个长条褶皱花边。

05 将长条褶皱花边贴在裙摆的边缘，然后把裙子固定在腰部。

06 用蓝绿色黏土搓一个一端大一点的扁圆柱，用剪刀将一端剪平，再用细节针压出褶皱，作为裙子的上半部分。

 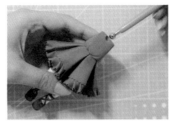 

07 将上半部分贴在裙子上，有褶皱的一端在下。在上半部分上方正中用丸棒压出一个小坑，用肤色黏土搓一个圆柱，粘在坑里作为脖子。

08 将蓝绿色黏土切成细长条，用花边剪在一侧剪出花边，然后将其贴在上半部分和裙子的交界处。

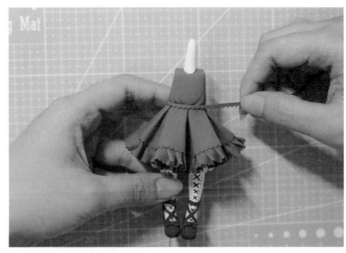

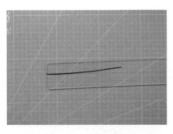

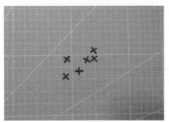

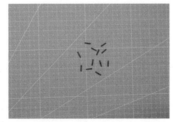

09 将蓝绿色黏土搓成细长条，压扁，切成约0.6cm长的小条，十字交叉贴在一起，然后将其贴在胸前、腰部两侧。

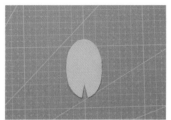
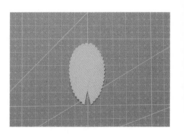

10 将白色黏土擀片，剪成椭圆形，并在下方剪一个倒 V 字，用花边剪把外缘剪成花边。

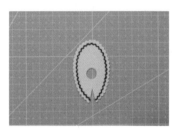

11 用切圆工具在中间切一个圆，将蓝绿色黏土切成细长条，用花边剪在两侧剪出花边，然后将它贴在领子的周围。

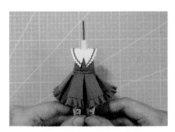

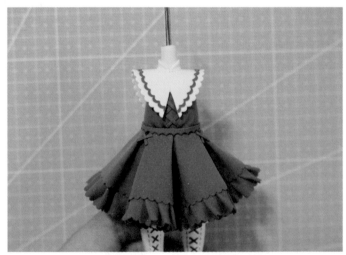

12 将领子贴在身体上，注意倒 V 字在前，在脖子处插入铜棒骨架。用白色黏土制作一个小弧形，围着贴在脖子上。

 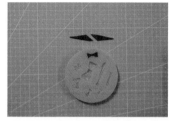

13 用墨绿色黏土搓一个长水滴形，从中间斜着剪开，作为蝴蝶结的飘带。取墨绿色黏土用蝴蝶结模具制作一个蝴蝶结，然后和飘带粘在一起，贴在领口处。在蝴蝶结的下方再粘一个墨绿色的小"×"。

14 将在第9步制作的小条十字交叉着贴在手腕处。用与第11步相同的方法制作两条细条花边，在手臂上斜着绕一圈并固定，然后将手臂粘在身体两侧。

116

15 用与第13步相同的方法取蓝绿色黏土制作一个蝴蝶结，贴在后腰处。

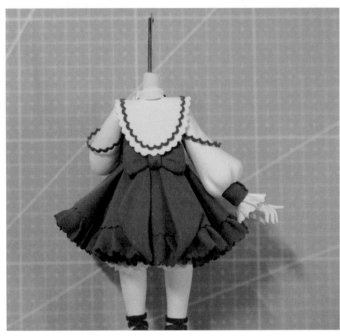

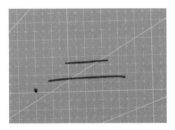 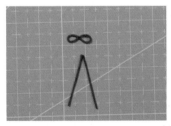 

16 将蓝绿色黏土搓成长短不一的两根小细条，短的弯折成8字形，长的弯折成倒V形，然后如上图所示把它们粘在一起。

17 将蝴蝶结粘在前腰处，然后给鞋子刷上亮油，裙子制作完成。

8. 制作底座及整体组合

01

用白色丙烯颜料涂罗马底座，再给底座围上用蓝绿色黏土制作的花边，贴上小蝴蝶结。

02

把人物的头插在身体上。

03

给底座打孔，把人物插在底座上，绿松石洋装少女制作完成。

棕色: 白色 + 咖啡色 +
黄色 + 黑色

淡黄色: 黄色 + 白色

用细节针压出衣服的褶皱

用勾线笔蘸取丙烯颜料画
睛、嘴巴及裙子的图案

用化妆刷蘸取色粉
画出妆容及阴影

浅棕色: 白色 + 黄色 + 咖啡色

深棕色: 咖啡色 + 黑色

用压痕笔压出袜子的花边

用压痕笔压出饼干的花纹

鞋子要
刷亮油

用花边切圆模具制
作饼干

罗马底座要涂
丙烯颜料

小熊曲奇学妹

星雾之森之人物设定

在星雾之森的东南角，有一座小小的魔法学院，小熊曲奇是学院里的一年级新生。

她完全不擅长使用魔法，因为她的心思全都放在烘焙上。她的梦想是成为星雾之森最棒的甜点师。每个吃了她做的甜点的人，都像被施了魔法，感觉很幸福。

制作提示

① 在配色上尽量靠近饼干和巧克力的颜色，颜色基本为暖色。

② 服装以 JK 制服为原型，在头饰、包包和底座上增加一些小熊和饼干的元素。

③ 表情要突出温柔的感觉，眼角微微是上扬的，在面颊处画上腮红可以增加少女感。

1. 案例中用到的配色

深棕色：鞋子、包包、头发

棕色：外套、裙子、袜子、熊耳、蝴蝶结

浅棕色：袜子、花边、熊耳、蝴蝶结、内裤

淡黄色：衬衣

2. 制作面部

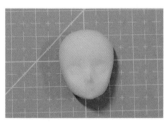

01 准备一个已经晾干的正比脸模，用铅笔在上面画出草稿，注意下笔时不要太用力，以免划破黏土表面，影响面部质感。

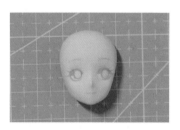

02 用白色丙烯颜料填充眼白部分，再用浅灰色丙烯颜料画出眼白的暗部。

03 用棕色色粉画出眼睛、眼睑、眉毛、嘴巴的轮廓。

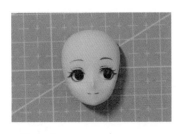  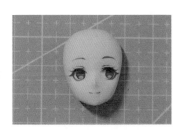

04 用棕色色粉填充眼珠，用浅棕色色粉填充眼珠下半部分，再用更浅的棕色色粉在下方画一个椭圆。

 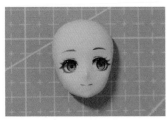

05 用黑色丙烯颜料加深一下上眼睑、瞳孔和上睫毛的颜色，再画出下睫毛，然后用白色丙烯颜料点上高光。

06 用棕色色粉给人物画上眼影，然后用粉色色粉在额头、面颊、鼻头、嘴巴、下巴处轻轻晕染一些红晕。

07 用白色丙烯颜料画出眼睛和面颊的高光。

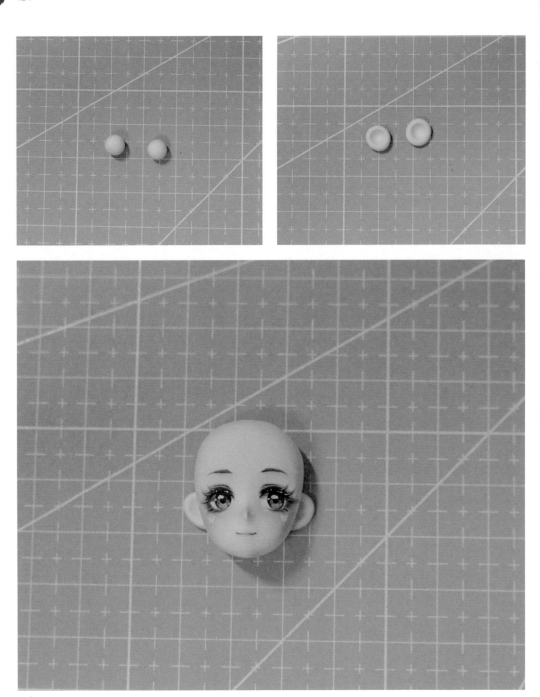

08 用肤色黏土搓两个小球，用丸棒压出小坑，分别贴在脸的侧面作为耳朵。面部制作完成。

3. 制作头发和熊耳配饰

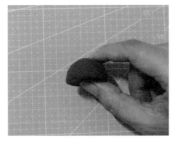

01 将深棕色黏土搓成小球，然后捏成半球，用塑料刀在正中间压一条痕迹，并在侧前方扎两个孔，作为发流方向的定位点。

02 用两用细节针在两侧压出头发的纹路，注意两侧的纹路要分别汇聚到两个定位点处。

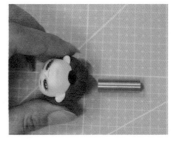

03 将脸贴在制作好的后脑勺上，注意下方齐平，上方和两侧留一些空余。待后脑勺晾干后用切圆工具在头顶打孔。

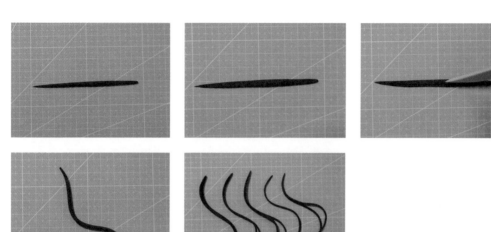

04 将深棕色黏土搓成细条，压扁，然后用塑料刀压出发丝的痕迹，压好后弯曲成波浪形，用剪刀将一侧剪出分叉，弯折成不同的弧度。用相同的方法制作6条，作为右侧的马尾，弧度如中间图所示；再制作5条，作为左侧的马尾，弧度如右图所示，然后放在一旁待晾干定型。

关注绘客公众号，输入54321，下载此处教学视频（5-3-19）

05 将深棕色黏土用压泥板搓成圆锥形，然后在蛋形辅助器上压扁，得到类似水滴的形状，尖端向上图所示方向弯曲，用细节针压出痕迹，然后用剪刀依据压出的纹路剪出发丝，贴在头部左侧。

06 用同样的方法再制作一片头发，尖端的方向相反，然后用剪刀依据压出的纹路剪出发丝，贴在头部右侧。

关注绘客公众号，输入 54321，下载此处教学视频（5-3-23）

关注绘客公众号，输入 54321，下载此处教学视频（5-3-27）

07 将深棕色黏土搓成水滴形，在蛋形辅助器上压扁，用塑料刀压出纹路，然后用剪刀依据纹路剪出分叉，调整一下分叉，贴在头部中间作为刘海。

08 将在第4步制作的右侧的马尾发丝，依据头上的定位点，依次粘上去，调整一下方向和角度。

09 将左侧的马尾发丝也贴在定位点上，但注意要分成两个部分，一半向前一半向后。头发制作完成。

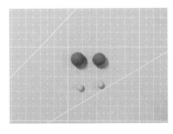

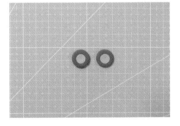

10 将棕色黏土和浅棕色黏土分别搓出大小不同的两个球，然后压扁，粘在一起。

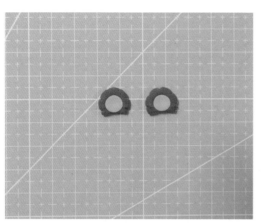

11 用细节针将熊耳边缘压出痕迹，下方用剪刀剪一个小弧形，贴在头顶两侧。取浅棕色黏土用蝴蝶结模具制作两个蝴蝶结贴在熊耳底部，再取棕色黏土制作一个蝴蝶结贴在头部左侧。

4. 制作包包

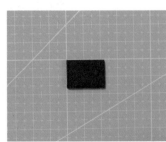

01 将深棕色黏土擀片，然后切成长方形（约1.6cmX2.2cm）。

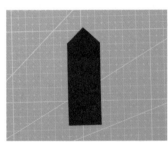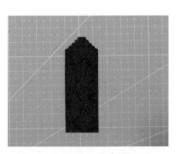

02 将深棕色黏土擀片，切成宽约1.6cm的长方形，顶端切成三角形，然后用花边剪剪成梯形的波浪，将第1步做的小长方形放上去，然后向上折起来，将顶端的波浪形三角折下来，多余的部分剪掉。

03 沿着波浪形花边涂上金色丙烯颜料，用深棕色黏土搓一个小圆柱，压扁，弯折后粘在包包上作为提手。

04 用深棕色黏土和浅棕色黏土各搓两个大小不同的小球，压扁后粘在一起，将底部剪平，贴在包包提手的两侧作为熊耳装饰，再加上 3 个大小不一的用棕色黏土制作的蝴蝶结作为装饰。包包制作完成。

5. 制作腿部

 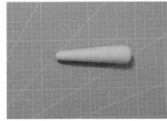 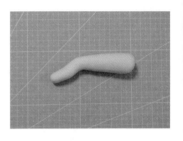

01 用肤色黏土搓一个小圆球，将它搓成一头粗、一头细的圆柱，然后将大腿、膝盖和一部分小腿捏出来。

02 用细节针调整膝盖的形状，并在膝盖的后边压出膝窝，大腿微微向内侧弯曲，用细节针压出腿根的线条。最后用指腹调整细节。

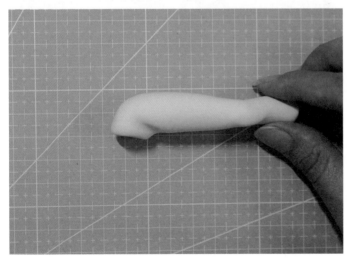

关注绘客公众号，输入 54321，
下载此处教学视频（5-5-5）

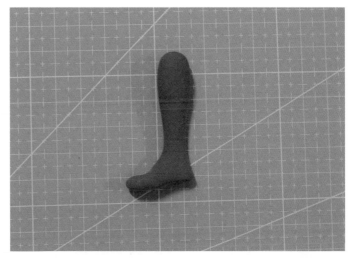

03 用棕色黏土搓一个中间细、两端稍微粗的类似圆柱的形状，在一端用手捏出脚的形状，调整一下脚尖、脚后跟和小腿肚的形状。

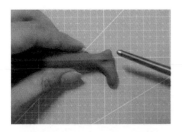
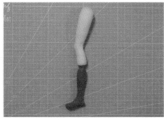

04 用细节针在黏土上推出脚踝，然后把腿和袜子的横截面修平整，粘在一起。用同样的方法制作另一条腿。

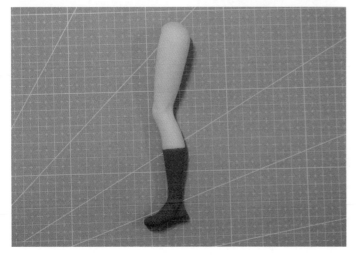

关注绘客公众号，输入 54321，
下载此处教学视频（5-5-12）

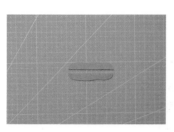 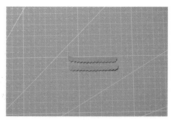 

05 用浅棕色黏土切两个长条，再用花边剪在一侧剪出花边，最后贴在袜子和腿的交界处，将多余的部分剪掉。

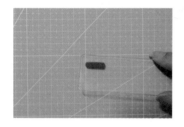 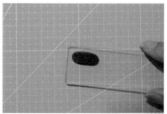 

06 将深棕色黏土用压泥板搓成小圆柱后压扁，贴在脚面上。

07 将深棕色黏土擀片后切成长条，围在脚的四周，然后切一个小条，横着贴在脚面上。

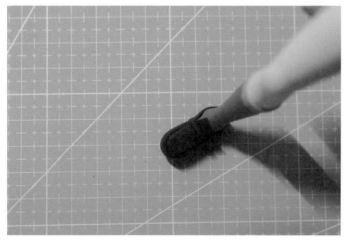

关注绘客公众号，输入 54321，下载此处教学视频（5-5-21）

08

用黑色黏土搓一个圆柱，压扁成椭圆形后贴在脚底作为鞋底。

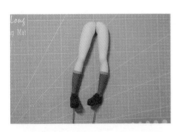

09

用同样的方法制作另一条腿，待腿部晾至半干，将铜棒插入
腿部作为骨架，将大腿根部也用铜棒连接起来。腿部制作
完成。

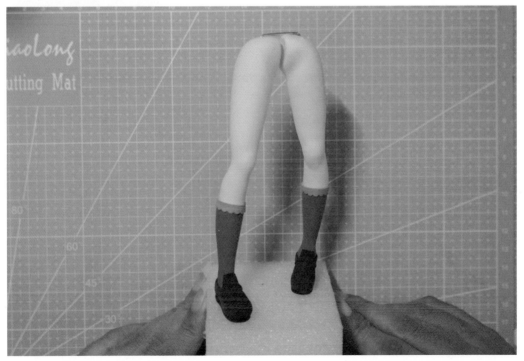

6. 制作手部

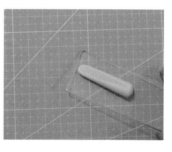

01 用肤色黏土搓一个小圆球，用压泥板将它搓成一头粗、一头细的圆柱，细的一头用压泥板稍稍压扁。

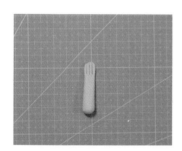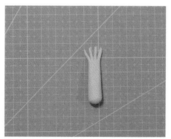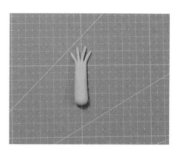

02 用细节针切出手指形状，然后用剪刀剪开，掰开后简单调整一下手指的形状。

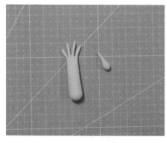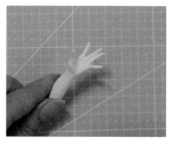

03 将肤色黏土搓成类似保龄球瓶的形状，贴在手上作为大拇指，用细节针调整一下手指及手掌的形状和动作。

 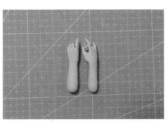

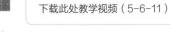

关注绘客公众号，输入 54321，
下载此处教学视频（5-6-11）

04 将手指调整成需要的形态，待晾干后用酒精棉片抹平接缝。
用同样的方法制作另一只手。

05 将淡黄色黏土擀片，切成长条，在手腕处绕一圈，接口放在
手腕内侧，然后剪掉多余的长条和手臂部分。手部制作完成。

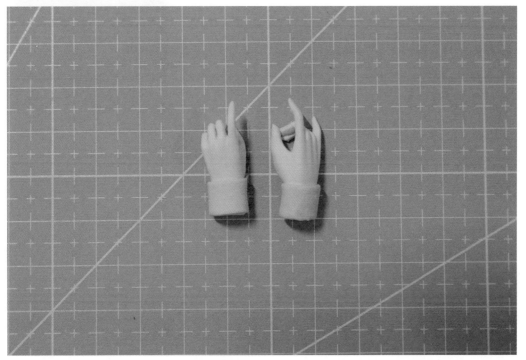

7. 制作素体

  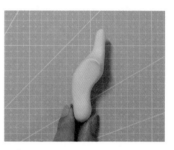

01 将肤色黏土搓成如左图所示的形状，然后捏出脖子和肩膀，调整腰部的形状。注意黏土要湿润一些，捏的时候尽量快一点，不然黏土表面干掉之后容易出现褶皱和裂痕。

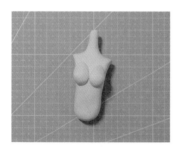  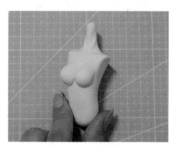

02 用肤色黏土搓两个椭圆的半球，贴在胸前，用细节针抹平接缝、处理一下两个半球的形状，并压出锁骨和胸锁乳突肌的形状。

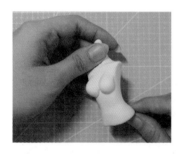  

03 调整腰部的形状，和腿部粘在一起，用黏土填充裆部及臀部的缝隙，用细节针压出背部线条。

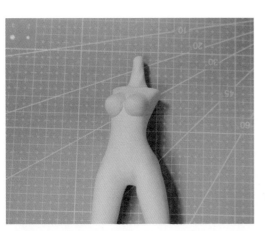
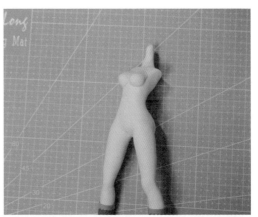
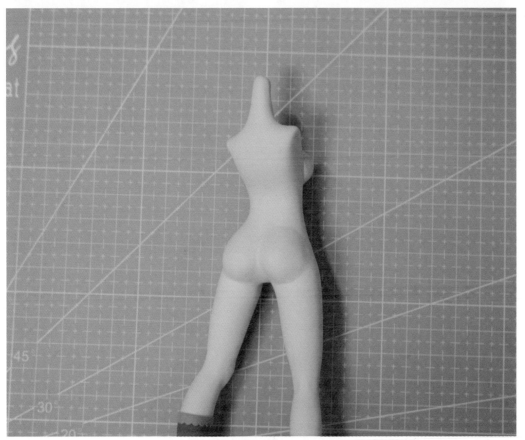

04 用酒精棉片配合抹平水，耐心地打磨处理接缝。素体制作完成。

8. 制作衣服和手臂

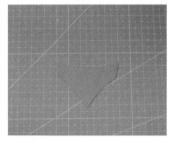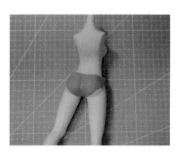

01 将浅棕色黏土擀片后切成类三角形,然后贴在臀部。

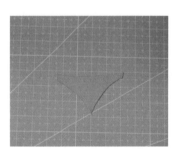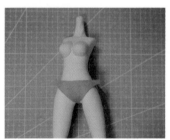

02 将浅棕色黏土擀片后切成类三角形,比之前制作的那一片稍小一些,贴在裆部,用剪刀剪掉多余的部分。

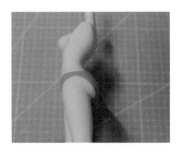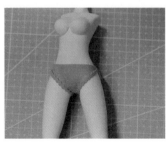

03 用开眼刀处理一下类三角形与身体的接缝处,然后将浅棕色黏土擀片切成细长条,用花边剪在两侧剪出花边,贴在内裤的两侧。

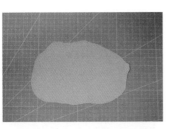

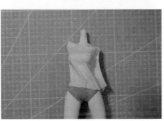

04 用淡黄色黏土擀一个大薄片，然后贴在身体上，依据结构和身体的动态，折出衬衣的褶皱。

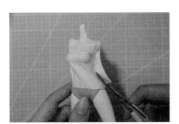

05 用剪刀剪掉侧面多余的黏土，然后用开眼刀将接缝抹平，用小刀片小心地将衬衣的下摆裁切整齐。

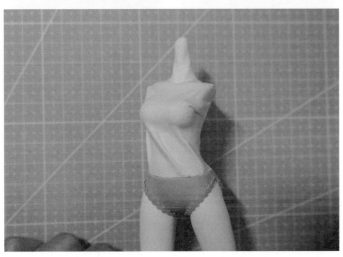

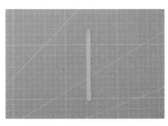

06 将淡黄色黏土搓成细条，压扁，然后顺着衬衣的褶皱将它贴在衬衣的中间。

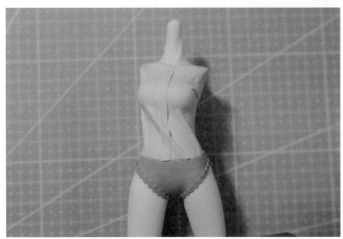

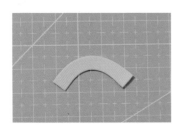

07 将淡黄色黏土擀片，剪成圆弧形，围在脖子上，作为衬衣的领子。

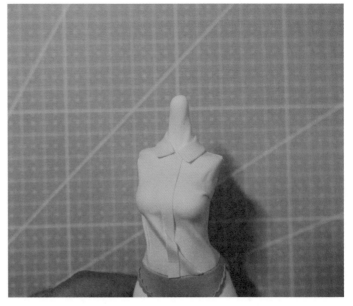

08 将棕色黏土擀片后切成长条，然后切成梯形（大约需要使用18片，可多切一两片备用）。

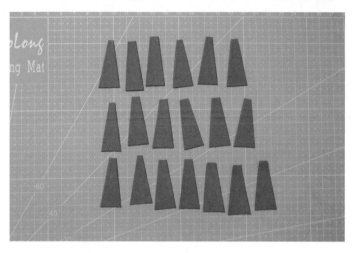

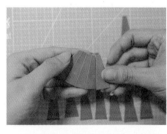
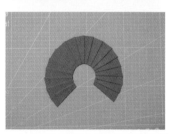

09 将梯形片一片接一片地粘起来，然后放在身体上比对一下能否闭合，如果不能可以再粘一两片，先不要贴上，取下来放平。

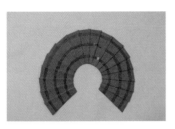
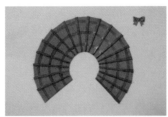
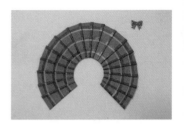

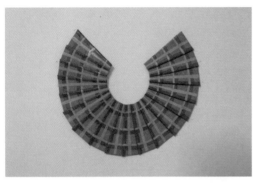
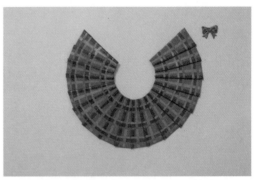

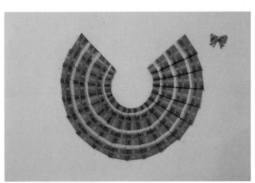
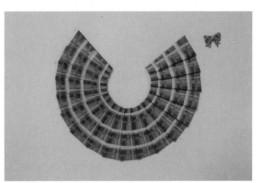

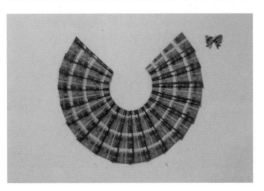

10 沿着同心圆和与圆周切线垂直的方向，用深浅不同的棕色和黄色丙烯颜料画出裙子的格子图案。并取棕色黏土用蝴蝶结模具制作一个蝴蝶结，在上面同步画上格子图案。

11

把蝴蝶结粘在领口，将裙子贴在身上，闭合裙摆，并将咖啡色黏土擀片切一长条围在腰部。

12

将棕色黏土擀片后切成半圆，用花边剪将弧形部分剪出花边，然后贴在后背和肩膀上，花边在正面。将肩膀处捏平整，然后用剪刀剪掉多余的部分，并用开眼刀抹平接口。

13

用棕色黏土搓一个一头大一点的圆柱，用细节针转圈压出袖口形状，然后用细节针压出袖子的褶皱。

14 用棕色黏土搓一个细条压扁，贴在袖口处，一侧用塑料刀压出一条竖线，另一侧用压痕笔压一个坑，然后将做好的手插上去，一只手臂制作完成。

15 用棕色黏土搓一个一头大一点的圆柱，然后弯折，用细节针压出袖口形状。

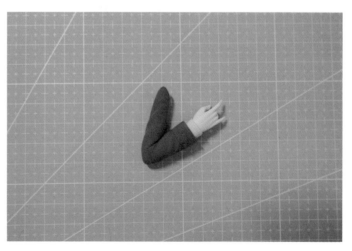

16 用细节针压出袖子的褶皱，然后将做好的手粘上去。

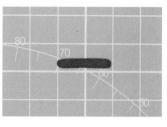

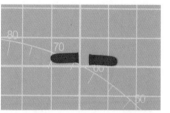

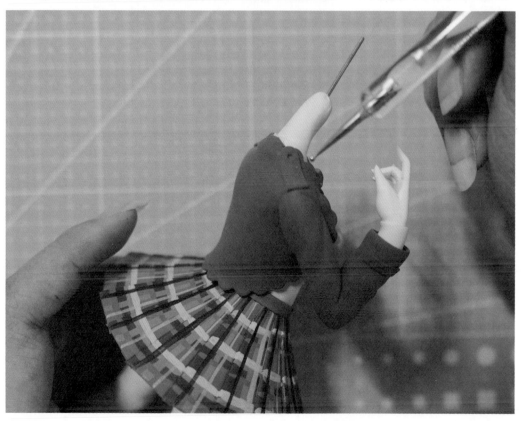

17 将手臂粘在身体两侧，用棕色黏土搓一个细条压扁，得到长椭圆形，从中间剪开，分别贴在两侧肩膀上作为肩章，在靠近脖子的一端用压痕笔压一个坑。衣服和手臂制作完成。

9. 制作底座及整体组合

01 在脖子上插入铜棒骨架，然后把头部安装上去，用粉色色粉轻轻扫在脖子和膝盖处，使肤色更显白皙。

02 将包包用白乳胶固定在手上。

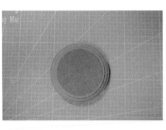

03 为罗马底座上方刷深咖啡色丙烯颜料，侧面刷浅咖啡色丙烯颜料，将人偶放在底座上比对一下位置，做好标记，然后给底座打孔。

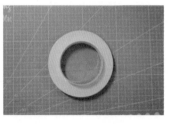

04 把制作人物剩余的淡黄色和浅棕色混合一下，来制作饼干。先搓成球，然后压扁，用花边切圆工具切出饼干。

05 用压痕笔在饼干边缘压出一些较大的坑，然后在内部呈放射状压出一些较小的坑，将饼干粘在底座上，按图示位置粘4个蝴蝶结（蝴蝶结的制作过程参考第33页）。

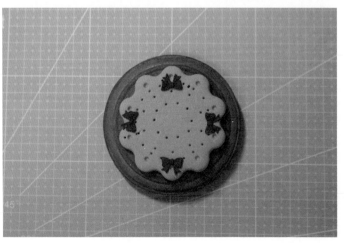

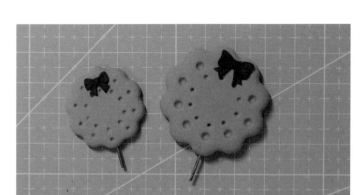

06 用同样的方法再做两块大小不同的饼干，粘上蝴蝶结，并插入铜棒骨架。

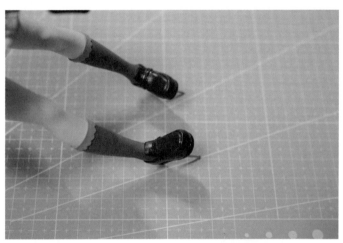

07 给鞋子刷上亮油，然后将人物和饼干插在底座上。小熊曲奇学妹制作完成。

用勾线笔蘸取丙烯颜料画眼睛、嘴巴

用化妆刷蘸取
色粉画出妆容

星空蓝色: 蓝色 + 绿色 + 黑色 + 特银色

湖蓝色: 白色 + 蓝色 + 绿色

用细节针压出袖子
的褶皱

用花边剪剪出花边

墨绿色: 绿色 + 蓝色 + 黑色

浅蓝色: 白色 + 蓝色 + 绿色

用金属色丙烯颜料画魔
法书的花纹装饰

罗马底座要涂丙
烯颜料

CHAPTER
SIX

第  章

魔法学院小学姐

星雾之森之人物设定

在星雾之森魔法学院，如果提到"学霸"，人人都会马上想到布鲁黛丝，大家都觉得她天生就适合学习魔法，还会感叹："有的人就是优秀啊，而我就没有这样的天赋，唉……"

布鲁黛丝看起来总是忙忙碌碌的，那些远远看着她的人们也从来没有关心过她在忙些什么，就算偶尔会想："她明明已经那么优秀了，为什么还那么忙？"但这小小的疑问转瞬即逝。只有布鲁黛丝自己明白，哪有人天生就会魔法呢，这哪是什么天赋，她只是一朵花期很短的蓝星花，她没有大家那么充裕的时间，只有比大家更努力，才能在有限的时间里多学一点魔法。

制作提示

① 配色以黑色为底色，深浅不一的蓝色作为辅助色，头发用了比较有神秘感的星空蓝色，整体为冷色调。

② 裙子采用收腰设计，搭配靴子和斗篷，突出人物干脆利落的性格。

③ 画眼睛的时候注意眼角要稍稍上翘，微笑的幅度不要太大，表情偏帅气。

1. 案例中用到的配色

星空蓝色：头发

湖蓝色：裙子花边、斗篷花边、蝴蝶结、帽子装饰、腰封绑带、十字架图案、袖口

浅蓝色：裙子、衬衣、上半身、裙子花边

墨绿色：书皮

2. 制作面部

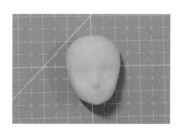
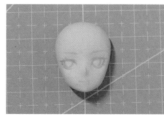

01 准备一个已经晾干的正比脸模，用铅笔在上面画出草稿，注意下笔时不要太用力，以免划破黏土表面，影响面部质感。

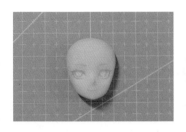
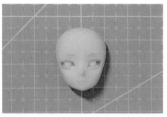

02 用白色丙烯颜料填充眼白部分，再用浅灰色丙烯颜料画出眼白的暗部。

03 用棕色色粉填充眼珠，用黄色色粉填充眼珠下半部分。

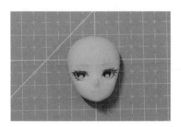
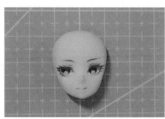

04 用勾线笔蘸取棕色丙烯颜料画出眼线、睫毛、眼睑、眉毛、嘴巴。

05 用黑色丙烯颜料加深上眼睑和瞳孔暗部的颜色。

 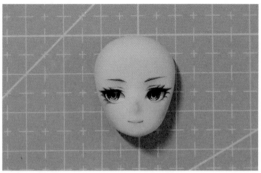

06 用棕色色粉给人物画上眼影,然后用粉色色粉在额头、面颊、鼻头、嘴巴、下巴处轻轻晕染一些红晕。

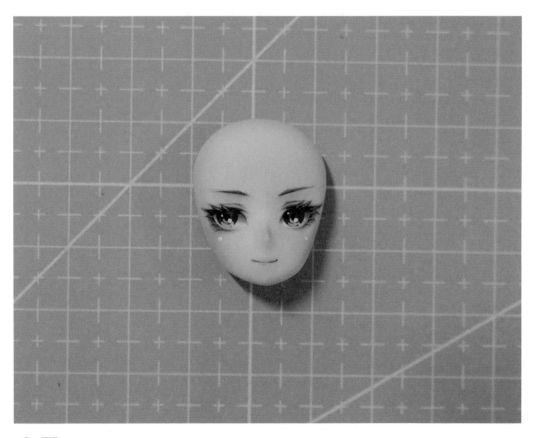

07 用白色丙烯颜料画出眼睛和面颊的高光,面部制作完成。

3. 制作头发

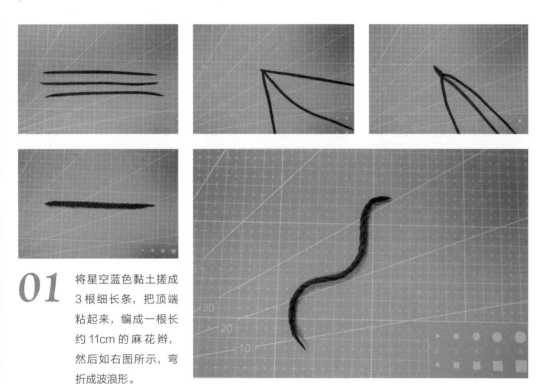

01 将星空蓝色黏土搓成3根细长条，把顶端粘起来，编成一根长约11cm的麻花辫，然后如右图所示，弯折成波浪形。

02 将星空蓝色黏土搓成约11cm长的条，压扁，然后用细节针压出头发的纹路。

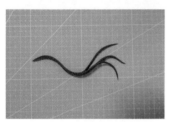
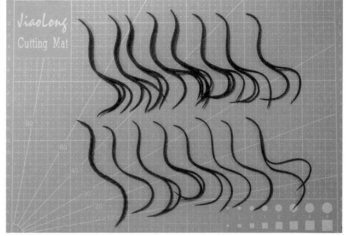

03 将第 2 步制作的长条的一端剪出分叉，调整成弧形，用同样的方法制作 15 条左右弧度基本相同的发丝，粗细可以稍有不同，晾干后使用。

04 用肤色黏土捏一个半球，然后贴在脸的后侧（可参考前面案例介绍的方法），待后脑勺晾干后用切圆工具在底部打孔，用镊子将多余的黏土取出。

05 将晾干定型后的发丝中较宽的几条并排贴在头部后侧，有些缝隙也没有关系，这只是第一层。

06 用剩下的较细的发丝贴第二层头发，注意要把第一层的缝隙挡住。麻花辫贴在头部右侧。

07 用星空蓝色黏土搓一个小圆球，然后在蛋形辅助器上压扁，用塑料刀切成类三角形，用来作刘海。

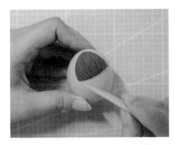

08 用塑料刀压出刘海的头发纹路，然后顺着纹路在下方用剪刀剪出分叉，将这片头发贴在头部中间。头发制作完成。

4. 制作腿部

01 将黑色黏土搓成花生状，先捏出脚的雏形，然后用手调整脚尖和脚后跟的形状。

02 用细节针在靴子顶部压出一个坑，转着圈用手指把靴口捏薄，让靴口呈喇叭形，然后用细节针压出靴子的褶皱。

03 将黑色黏土搓成锥形，用细节针擀平上端，再擀平一个侧面，粘在靴子上作为鞋跟，待晾干后把鞋跟底部切平。

 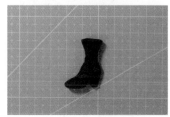

关注绘客公众号，输入 54321，下载此处教学视频（6-4-10）

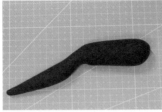

04

将黑色黏土搓成一头粗、一头细的圆柱，然后在中间靠下的地方搓出小腿，在中间靠上的部位搓出大腿，然后用细节针调整膝盖的形状。

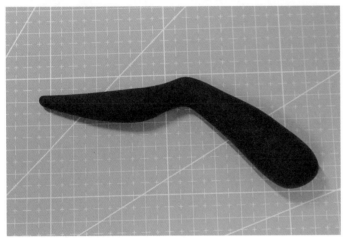

关注绘客公众号，输入54321，下载此处教学视频（6-4-13）

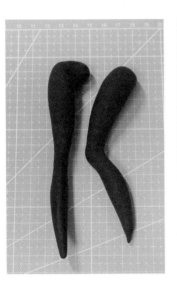
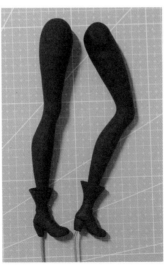

05

用同样的方法制作另一条腿，注意一条腿弯曲，一条腿直立，待腿部晾至半干状态时插入铜棒作为骨架，直立腿中的骨架需要贯穿全腿，弯曲腿的骨架只需插至膝盖位置。腿部骨架插好后，把靴子也插在同一根骨架上，用白乳胶固定。

06 将黑色黏土切成宽窄不一的细条，然后围在右腿上做成类似皮带的腿环，其中一端稍稍翘起。

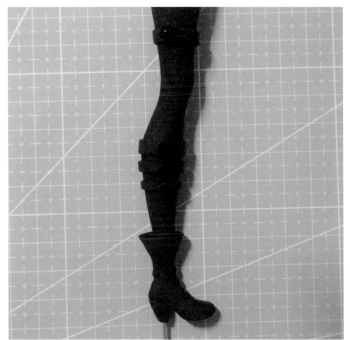

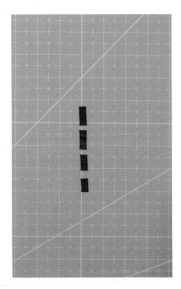

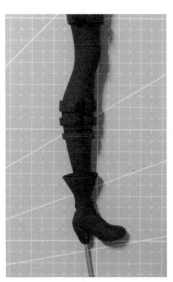

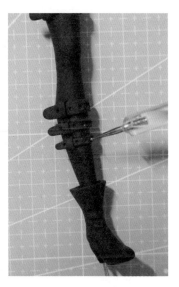

07 将黑色黏土搓成条，压扁，切成几个小条，然后贴在上一步制作的腿环上，将上下两端压下去包住腿环，然后用压痕笔在腿环上压出类似皮带孔的小坑。

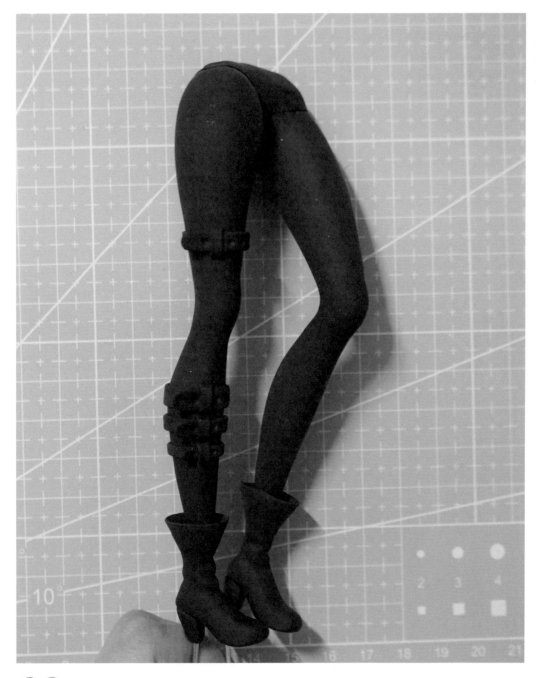

08 用一块黑色黏土将两条腿连接起来，注意调整姿态。腿部制作完成。

5. 制作裙子

01 将浅蓝色黏土先搓成上左图所示的形状，再把上端稍微捏平，用细节针在上方和两侧压出连接脖子和手臂的凹槽，然后粘在腿上。注意腰部要稍微捏细一些。

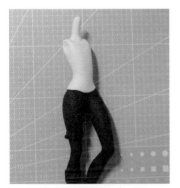 

02 将肤色黏土搓成圆柱，作为脖子，用浅蓝色黏土搓两个半球，贴在胸前，用细节针调整一下形状。

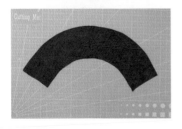  

03 将黑色黏土擀片，切成圆弧形，外圈用花边剪剪出花边，然后顺着内圈叠出工字褶（建议叠5个褶）。

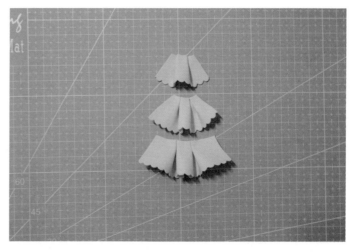

04 将浅蓝色黏土擀片,剪成3个大小不同的弧形,用花边剪在外侧剪出花边,然后顺着内侧叠出工字褶。

05 将3个弧形从小到大依次粘起来,粘在腰部前方,然后将刚才制作的黑色裙子围在腰部,用两侧裙摆盖住浅蓝色的部分。

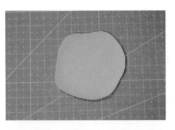

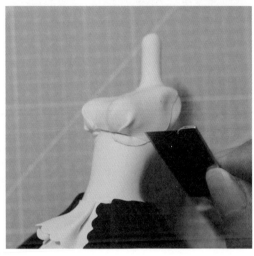

06 将浅蓝色黏土擀片，在上端剪出一个半圆形缺口，然后围在胸前，依据身体的形状贴出褶皱，用长刀片小心地切掉多余的部分。

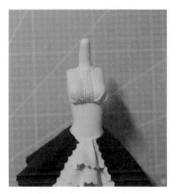

07 将浅蓝色黏土擀片后切成细长条，然后再搓两根小细长条贴在两侧，用压痕笔压出花边，贴在胸前，剪掉多余的部分。

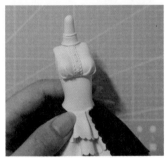

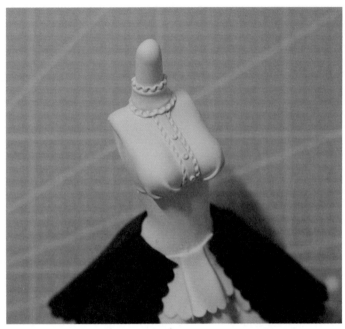

08 将浅蓝色黏土擀片，切成细长条贴在脖子处作为领子，然后用黏土搓两根小细条贴在领子的上下侧，搓三个直径 1mm 的小球，用压痕笔按在衣服上做成扣子。

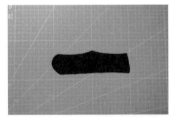

09 将黑色黏土擀片，然后在上端切出如图所示的两个弧形，围在腰部，用长刀片小心地切掉多余的部分。

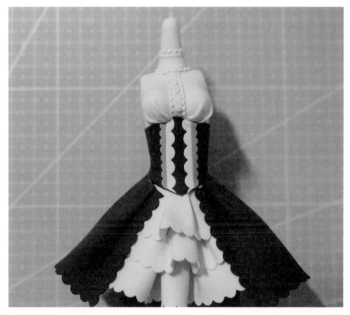

10 将浅蓝色黏土切成小细条，然后用花边剪剪出花边，对称贴在腰封中间两侧，将湖蓝色黏土擀片后切细长条，用花边剪剪出花边，对称贴在大花边两侧。

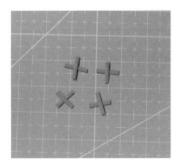

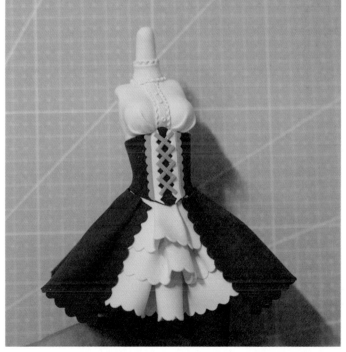

11 将湖蓝色黏土切成小条，十字交叉粘在一起，然后贴在腰封中间。

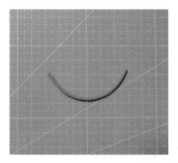

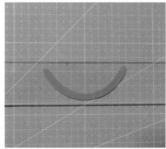

12 将湖蓝色黏土搓成细长条，弯折成弧形，用压泥板压扁，用花边剪剪出花边，从背后围在腰封下方。

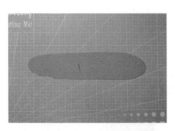

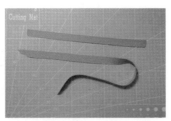

13 将湖蓝色黏土擀片，切成两根长条，然后把这些长条一根一根连起来，叠成小花边。

  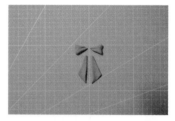

14 将湖蓝色黏土擀片并切成菱形，较短的从中间剪开，较长的从中间斜着剪开作为飘带，然后用细节针压出褶皱。

15 用一小条湖蓝色黏土将蝴蝶结中间包起来，然后粘在腰封中间，将叠好的花边粘在裙子的下摆。

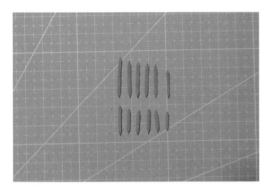 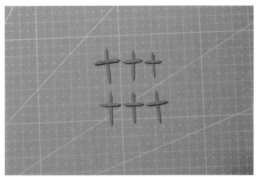

16

将湖蓝色黏土擀片并切成小条，把两端剪成尖头，然后粘成十字形，贴在裙摆上。裙子制作完成。

6. 制作手部

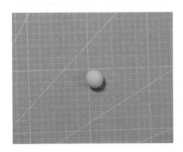 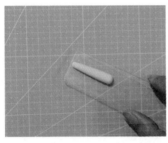 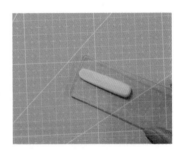

01 将肤色黏土搓成小圆球，用压泥板将它搓成一头粗、一头细的形状，细的一头用压泥板稍稍压扁。

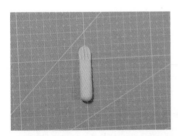 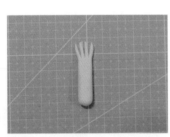

02 用细节针压出手指形状，然后用剪刀剪开，掰开后简单调整一下手指的形状。

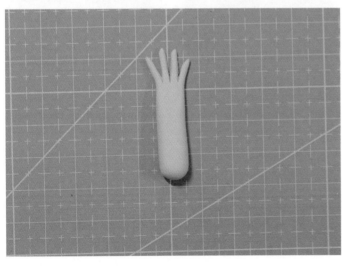

174

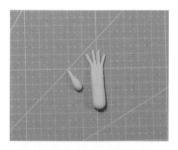

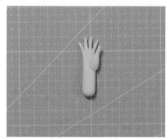

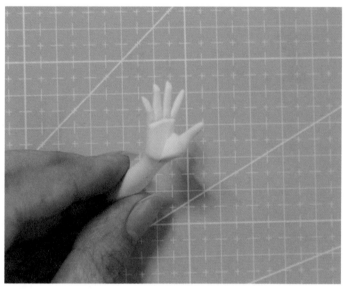

03 将肤色黏土搓成类似保龄球瓶的形状，贴在手上作为大拇指，用细节针调整一下手指及手掌的形状和动作。

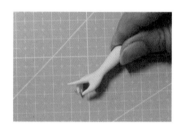

关注绘客公众号，输入 54321，下载此处教学视频（6-6-11）

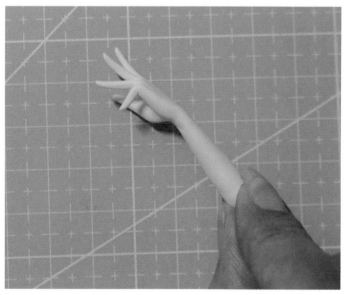

04 将手指调整成需要的动作，待晾干后用酒精棉片打磨一下接缝和指尖，用同样的方法制作另一只手。手部制作完成。

7. 制作手臂

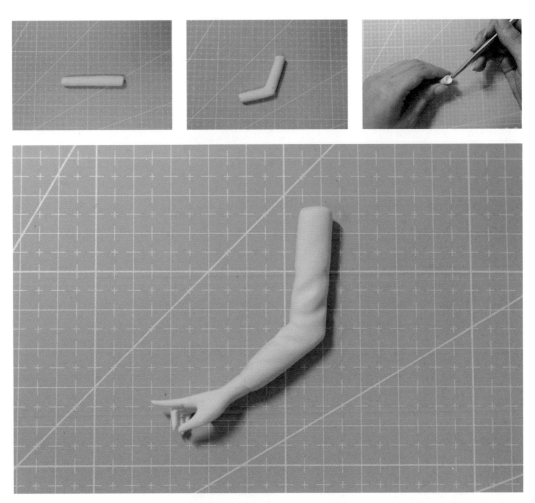

01 将浅蓝色黏土搓成圆柱形，然后弯折，用细节针在手腕处压一个坑，粘上手部，然后用细节针压出袖子的褶皱。

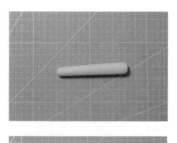

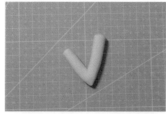

02 将浅蓝色黏土搓成圆柱形,然后弯折成V字形,用细节针在手肘处压一个坑,然后用细节针压出袖子的褶皱,将手部粘上。

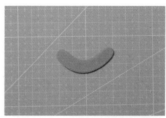

03 用湖蓝色黏土搓一根小细条,弯折成弧形后,压扁,然后围在袖口处,剪掉多余的部分。

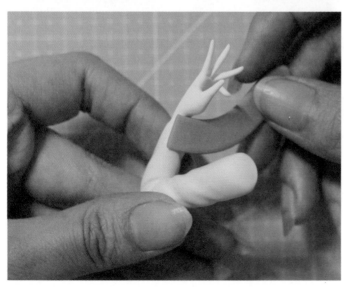

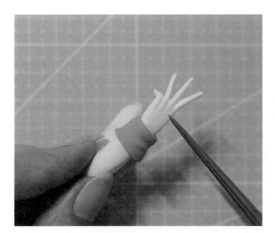
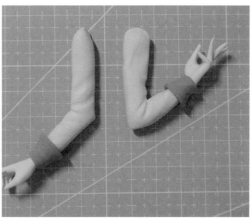

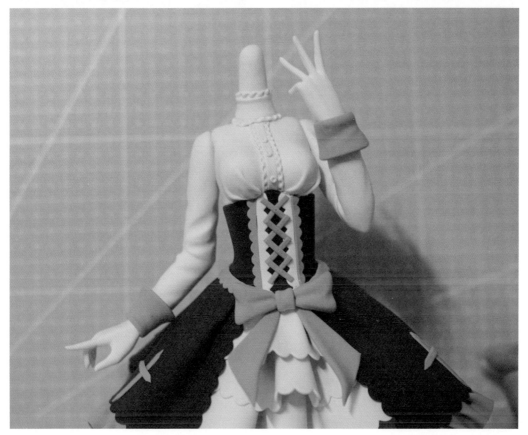

04 用细节针压出袖口的褶皱，用同样的方法做另一个袖口，然后将手臂粘在身体两侧。手臂制作完成。

8. 制作斗篷

01 将黑色黏土擀片，切成扇形，3条边都用花边剪剪出花边，放在肩膀上。

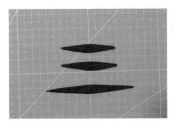  

02 用黑色黏土做3个菱形，将2个较小的菱形对折，长的菱形从中间斜着剪开，然后用一小条黏土将对折的2个菱形中间包起来，粘上2个飘带，蝴蝶结制作完成，粘在斗篷领口处。

03 参考制作裙子的第13步的方法，为斗篷制作花边，将蝴蝶结粘在斗篷领口处，并给脖子插上骨架。斗篷制作完成。给手部轻轻扫上一些粉色色粉，让肤色更加自然。

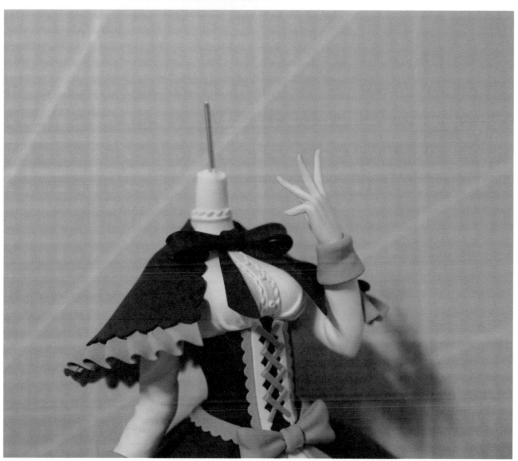

9. 制作帽子

01 用黑色黏土搓一个圆球，压在蛋形辅助器比较尖的一头，制作出帽子内侧的弧度。然后把帽子上檐捏大一点，注意帽子顶部是平的，前侧比后侧略高。

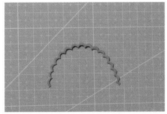

02 将湖蓝色黏土擀片，切成小细条，围在帽子的下檐，然后将另一块湖蓝色黏土擀片切成弧形，用花边剪在两侧剪出非常细的花边，贴在帽檐上，最后做一个小小的十字形贴在中间。帽子制作完成。

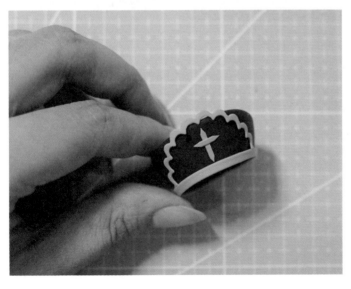

10. 制作魔法书

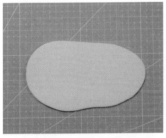

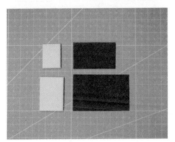

01 将白色黏土擀片，切成大小不同的 6 个长方形，将深蓝色（因每本魔法书的颜色各异，建议用黑色、蓝色、绿色黏土以个人喜欢的色来制作魔法书）比例调黏土擀片，切成比白色大一倍多点的对应的 6 个长方形。

02 用深蓝色黏土片将白色黏土片包起来，然后用金色、银色丙烯颜料在封面上画一些花纹装饰。魔法书制作完成。

99. 制作底座及整体组合

01 为罗马底座涂黑色丙烯颜料，然后将魔法书摞起来粘在底座一角。

02 把头部插在脖子上，给人物戴上帽子，然后把最小的一本魔法书用白乳胶固定在人物手上。

03 将人物与底座进行对比，标记骨架位置后给底座打孔，最后将人物插入底座，在底座上粘上书。魔法学院小学姐制作完成。